ロバストデザイン
ROBUST DESIGN

「不確かさ」に対して頑強な人工物の設計法

松岡 由幸　加藤 健郎　共著

POD版

森北出版

序

‖本書の狙い

　筆者は，長年にわたり設計実務に従事してきました．本書は，その間に最も欲しかった書籍の一つであるといえます．

　設計者はつねに「不確かさ」に悩まされているのではないでしょうか．人工物を設計するうえでは，多くの不確かさが存在します．たとえば，寸法や材料成分などのばらつきや使用環境や使い方の多様性など，さまざまな不確かさが存在します．これらの不確かさは，いずれも設計者が自ら制御することはできません．そのため，これらに対して人工物の機能や品質をつねに安定して確保することは，非常に難しい設計問題です．このことは，読者の皆様も日頃から実感されていることではないでしょうか．

　ロバストデザインは，これらの不確かさに対して安定的に機能や品質を確保可能な人工物の新たな設計方法論として，近年注目を集めています．元来，ロバストデザインは，寸法や材料成分などの人工物のばらつきに対応するための方法論としてスタートしました．田口玄一博士が提唱されたいわゆるタグチメソッドは有名です．そして，その後，世界中でさまざまな手法が開発され，現在では多くの手法が混在しています．そのため，現況ではその全体像がわかりづらくなっており，さまざまな手法があるがゆえに，各手法を的確に理解し，適切に使い分けることが難しくなっているという問題が発生しています．

　そこで，本書は，以下を主な狙いとしました．

・ロバストデザインの本質的意義や全体像を理解する．
・さまざまな手法を分類体系化することで，適材適所に利用可能とする．
・先進のロバストデザイン法を紹介し，利用可能とする．

‖ 本書の特長

本書を利用するうえでの大きな特長は，以下の2点です．

□ 設計上流過程に利用可能

—「ロバスト設計」から「ロバストデザイン」へ

従来，ロバストデザインは「ロバスト設計」と表記されることが一般的でした．しかしながら，本書においては「ロバストデザイン」という表記を用います．その理由は，本書の最大の特長として，設計上流過程にも利用可能な新たな手法を紹介しており，その意味でデザインという言葉のほうが望ましいと考えたためです．

設計上流過程に利用可能な手法は，第5章の「多様場に対応するロバストデザイン法」で紹介しています．これは，従来の人工物のばらつきに主眼をおいた手法とは異なり，近年，新たに開発された先進の手法です．この手法は，人工物とそれが使用される多様な場（使用環境や使用者など）との関係性から，あるべき機能や品質を確保する手法です．そのため，この手法は，企画や概念設計・基本設計などのような設計上流過程においても利用可能です．

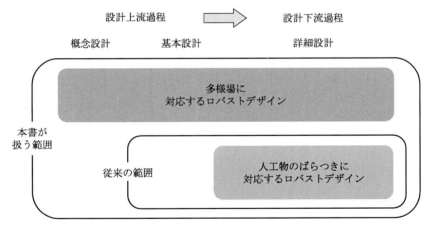

図　本書が扱うロバストデザイン

□ さまざまな手法を適材適所に利用可能

—手法の分類体系とそれに基づく選択フローチャート

先述したように，現在では多くのロバストデザイン法が混在しており，その全体像がわかりづらいため，適材適所の使い分けが難しい状況です．本書では，その問題に応えるべく，さまざまな手法を分類体系化し，設計問題に応じて適切な手法を利用可能な選択フローチャートを紹介しました．

‖本書の構成

本書は，以下の構成のもとに，五つの特長を有しています．

□ 第1章：本質がわかる

第1章では，ロバストデザインを概論しました．ロバストデザインを必要とする背景，ロバストデザインの概念，ロバストデザインには二つの種類があること，そしてその歴史的変遷を解説することで，その本質を明らかにしました．

□ 第2章：全体がわかる

第2章では，ロバストデザインのさまざまな手法を概説することで，ロバストデザインを俯瞰できるようにしました．また，それらの手法に関して，設計問題の特徴に基づいた分類体系と選択フローチャートを示すことで，読者の皆様が適用する際に，容易にかつ的確に選択することを可能としました．

□ 第3章，第4章：詳細がわかる

第3章および第4章では，実際の設計に適用できるように，人工物自身のばらつきに対応する各種のロバストデザイン法を具体的に解説しました．また，実験を用いる手法 (第3章) とシミュレーションを用いる手法 (第4章) に分けて解説することで，設計実務への適用を容易としました．

□ 第5章：先進がわかる

第5章では，多様な場（使用環境，使用者など）に対して，つねに安定的な機能や品質を確保可能な新たなロバストデザイン法を解説しました．この手法では，一つの人工物がどの程度のロバスト性を有しているかを判断することができます．また，さらにロバスト性を高めるためには，その人工物に調整機能（可変機構）を追加すべきか否か，追加する場合にはどの範囲で調整域とすれば効果的かを明らかにする特長も有しています．

□ 第3章，第4章，第5章：容易にわかる

第3章，第4章，および第5章における各手法の説明では，【概要】と【解説】の2段階で説明を行いました．これにより，読者の皆様が，まず各手法の【概要】を理解し，そのうえで【解説】により詳細を学ぶことが可能となります．このように本書では，効率的な修得が容易にできるよう配慮しました．

‖ロバストデザインの応用例

　本書が紹介するロバストデザインは，さまざまな人工物の開発の場面で応用できます．以下にその応用例を示します．

・自動車，家電製品，家具，医療・福祉機器，製造機械などの量産による工業製品において，コストを抑えつつ，製造ばらつきに対する安定的な機能や品質を確保できる．
・多様場（さまざまな使用環境，使用者，使われ方など）で使用される人工物において，つねに安定した機能や品質を獲得できる．
・製品設計において，可変機構（調整機能）の設定が必要か否か，また，設定する場合には可変域をどの範囲にすべきかを，定量的評価により判断できる．

‖謝　辞

　本書に記載された内容には，慶應義塾大学が文部科学省から採択されたグローバルCOE プログラム「環境共生・安全システムデザインの先導拠点」，および科学研究費補助金「可変構造物に対応するロバストデザイン法とそれを包含する実務者支援システムの構築」の活動により得られた成果が含まれています．また，第 5 章で示した「多様場に対応するロバストデザイン法」に関しては，多くの企業における設計者，デザイナー，デザイン・設計領域の研究者などが集う「デザイン塾」(主宰：松岡由幸，ホームページ：http://www.designjuku.mech.keio.ac.jp/) において，さまざまな議論を通じて構築された設計法であり，実務者の方々にも共感していただけるものと考えております．

　最後に，本書の執筆に際して，早稲田大学の山川宏先生，香川大学の荒川雅生先生には設計論の立場から，ダッソー・システムズの宮田悟志様にはロバスト最適化理論の立場から，日産自動車の奈良敢也様には設計実務と品質工学の立場から，それぞれご指導をいただきました．ここにあわせて，心より謝意を表します．

　2013 年 1 月

松岡　由幸・加藤　健郎

目 次

本書で使用する主な記号

記号	内 容	記号	内 容
c	制約特性	$[t_\mathrm{l}, t_\mathrm{u}]_\mathrm{opt}$	最適可変域
c_a	c の許容値	$w(y)$	重み関数
$C(x, z)$	制御因子および誤差因子の組合せの集合	w_l	目標特性が許容下限値であるときの重み
E	期待値	w_u	目標特性が許容上限値であるときの重み
f	目的関数		
F	ロバストモデリングにより得られた目的関数	w_τ	目標特性が目標値であるときの重み
F_HS	尻滑り力	x	制御因子
g	制約関数	x^-	目標特性を単調減少させる x
G	ロバストモデリングにより得られた制約関数	x^+	目標特性を単調増加させる x
		x_l	x の最小値
n_dep	従属な可変制御因子の個数	x_u	x の最大値
n_dr	可変制御因子間に存在する従属関係の数	x^*	x の公称値
		x^L	x の公称値から左（負）方向へのばらつきの大きさ
n_ind	独立な可変制御因子の個数		
n_t	t の個数	x^R	x の公称値から右（正）方向へのばらつきの大きさ
$p(y)$	y のばらつきの確率密度関数		
R	ロバスト指標	y	目標特性
R_l	R の許容下限値	y_l	y のばらつきの下限値，許容下限値
R_A	可変制御因子対応型ロバスト指標	y_u	y のばらつきの上限値，許容上限値
R_Al	R_A の許容下限値	y_τ	y の目標値
R_w	重み付きロバスト指標	y_τ	y の目標値
R_wl	R_w の許容下限値	z	誤差因子
t	可変制御因子	z^-	目標特性を単調減少させる z
t^-	目標特性を単調減少させる t	z^+	目標特性を単調増加させる z
t^+	目標特性を単調増加させる t	z_l	z の最小値
t_l	t の可変域の下限値	z_u	z の最大値
t_u	t の可変域の上限値	z^*	z の公称値
$[t_\mathrm{l}, t_\mathrm{u}]$	可変域	δ	可変域拡大のステップ量

記号	内容	記号	内容
Δc	制約特性のばらつきの大きさ	z^{R}	z の公称値から右（正）方向への
Δx	x のばらつきの大きさ		ばらつきの大きさ
Δy	y のばらつきの大きさ	θ_{C}	椅子のクッションアングル
Δz	z のばらつきの大きさ	θ_{Hi}	ヒップアングル
η_{L}	望大特性の SN 比	μ_c	c の平均値
η_{N}	望目特性の SN 比	μ_x	x の平均値
η_{S}	望小特性の SN 比	μ_y	y の平均値
η_{Se}	感度	η_z	z の平均値
θ_{B}	椅子のバックアングル	σ_x	x の標準偏差
z^{L}	z の公称値から左（負）方向への	σ_c	c の標準偏差
	ばらつきの大きさ	σ_y	y の標準偏差
		σ_z	z の標準偏差

ロバストデザイン概論

第 1 章では，ロバストデザインを概説する．ロバストデザインを必要とする背景，ロバストデザインの概念，ロバストデザインには二つの種類があること，そしてその歴史的変遷を解説することで，その本質を明らかにする．

1.1 ロバストデザインの背景

(1)「安心」と「発展」のはざま

　今日までのものづくりは，人々の生活を豊かにし，社会の発展に多大な貢献を果たしてきた．機能性，利便性，審美性など人々のさまざまなニーズを満たすべく，多くの特性を**人工物** (artifact) に埋め込み，便利で快適な社会を実現してきた．そして，その実現のための手段として，ものづくりは，科学技術の高度化と相まって，大量生産・大量消費のもとに人工物を大規模化・複雑化させ，高性能化・多機能化を推し進めてきた[1]．

　しかし，そこには深刻な副作用が存在した．それは，環境問題，安全問題といった人類の安心に対する新たな問題の発生である[2]．

　環境問題はいまだ置き去りにされたままである．これまでの大量生産・大量消費は，資源・エネルギー問題，オゾン層の破壊，酸性雨，地球温暖化，砂漠化など，地球的規模の多くの問題を引き起こす原因となった．さらに，開発途上国の公害，有害廃棄物の越境移動といった国際的な問題も，今後ますます深刻化するだろう．

　安全問題も多くの課題が残されたままである．いまだ撲滅できていない列車事故や航空機事故など，交通機関は大規模化・複雑化した自らのシステムを制御しきれていない．さらに，メキシコ湾の原油流出事故や東日本大震災にともなう原発事故のように，近年では安全問題から甚大な環境問題へと発展するケースも多く，その被害規模はますます拡大する傾向にある．

　確かに，これまでのものづくりは，人工物の大規模化・複雑化を推し進めることで高機能化や多機能化を実現し，高度で多様な市場ニーズや時代の要請に応えてきた．また，人工物の大規模化・複雑化は，人工物の価値を高めるうえで重要なものづくりの方向性であり，これらにより高い機能性や利便性を具現化し，社会の発展に貢献できたといえる．

　しかしながら，これらにともなう人工物の大規模化・複雑化は，安心の問題という副作用を内在させていた．大量生産・大量消費は，資源の枯渇やエネルギー不足を招くとともに，膨大な廃棄物を排出してきた．大規模で複雑な人工物は，概して，全体制御や詳細管理が難しい．そのため，これらの大規模化・複雑化は想定外の問題を誘発し，安全を害する危険性を高める傾向は否めない．しかも，人工物の大規模化・複雑化は，発生する被害の規模も大きくするという問題を内在させている．東日本大震災にともなう原発事故も同様であった．大規模化・複雑化した人工物は，ときとしてその脆さをみせ，暴走を始めているのである[3]．

　これまでのものづくりは，ニーズの高度化や多様化，経済面でのさらなる高効率化といった時代の要請と戦いつづけながら，必死に頑張ってきた．その結果，社会の安心と発展のはざまで，ものづくりはときとして，間違いを起こしてきたのである．

　では，これらの副作用に内在する根源的理由は何であろうか？ その主要な理由に，ものづくりにおける**不確かさ** (uncertainty) が挙げられる．ものづくりは，さまざまな不確かさに悩まされている．そのため，これからのものづくりは，安心と発展の両立に向け，それらの不確かさに対応する手段を獲得することで，あるべき社会の実現を目指すべきであろう．

(2) 「不確かさ」に悩むものづくり

　ものづくりには，さまざまな不確かさが存在する．たとえば，大量生産にともなう寸法や材料成分などのばらつき，大量消費にともなう使用環境や使い方などの多様性が挙げられる．そして，それらの不確かさは，いずれも設計者が自ら制御することができない．しかも，それらは人工物の大規模化・複雑化にともない，ますます助長されている．そのため，これらの不確かさに対して人工物の機能や品質をつねに安定して確保することは，非常に難しくかつ重要な設計問題となっている．

　ものづくりにおける不確かさは，大きく二つの種類に分かれる．その一つは，寸法や材料成分など人工物自身のばらつきである．これは，人工物の内部特性の問題でもあることから，**内乱** (internal noise) ともよばれる．もう一つは，その人工物が使用

される環境や使用者などの多様な**場** (circumstance, condition[†1])[1] で使用される不確かさである．これは，人工物の外部特性であることから，**外乱** (external noise) ともよばれる．

前者の人工物のばらつきには，さまざまなものが存在する．そのなかでも，製造現場を悩ます要因として，製品の生産段階で必ずといっていいほど生じる加工誤差や組み立て誤差，また，このような誤差により発生する寸法や材料成分のばらつきなどが挙げられる．たとえば，一つの部品の誤差が微々たるものであっても，それらの組合せにより構成される人工物では，その誤差が無視することができないほど大きなものになる．そのため，機能や品質の大幅な低下につながる恐れがある．また，自動車や航空機などでは，わずかな部品のばらつきが使用者の命を脅かす重大事故の引き金となり得る．そのため，人工物のばらつきという不確かさに対する取組みは，安定的な機能や品質を確保するために不可欠であり，それに向けた設計手法が強く求められている．

後者の人工物が使われる多様な場には，二つの不確かさが存在する．その一つは，人工物が多様な場で使用されることにともない，人工物自身の特性に差が生じる不確かさである．たとえば，使用環境の温度に差がある場合，それにともなう材料特性の変化や人工物の膨張にともなう寸法差などがそれにあたる．ただし，この不確かさに関しては，前者の人工物自身のばらつき問題として取り扱うことが可能であり，前者の手法が適用できる．

厄介なのは，もう一つの不確かさである．それは，多様な場で使用されることにともなう機能や品質への影響である．たとえば，椅子の座り心地は，ヒトの体格や着座姿勢に依存している．しかしながら，椅子に座るヒトの体格や着座姿勢はさまざまである．そのため，椅子の設計においては，ヒトの多様な体格や着座姿勢においてもつねに座り心地の良さが必要とされる．このような問題に対応する手法としては，年齢，性別，障害の有無など多様な使用者を想定するユニバーサルデザインが挙げられる．しかし，ユニバーサルデザインの手法は，試行錯誤的あるいは定性的であり，定量的な手法は存在しない．ところが，近年になり，ようやく先の問題に対応可能な定量的手法が研究された．本書では，それについて第5章で解説する．

なお，その手法は，さらに人工物に可変機構を設定する設計問題へも対応可能な手法へと拡張されている．一般に，設計においては，"simple is best" の考えから，できるだけ構造を単純にし，部品点数を少なくすることが望まれる．このことは，コストや重量の低減につながる．そのため，部品点数の増加を必要とする可変機構の採用は極力避けることが望ましいとされている．しかしながら，先述した椅子の設計の例の

---

†1 場の英語表記は，それが心理的な認識を含む場合は circumstance，物理的な特性で表現される場合には condition とされることが多いため，双方を記載している．

ように，さまざまな体格や着座姿勢に対応するためには，やむを得ず上下可動機構や背もたれの後傾機構などの可変機構を追加する場合が多々ある．このとき，設計者は，まず本当に可変機構が必要か否かの判断を行う必要があるだろう．つづいて，仮に追加する場合には，どこからどこまでの可変域が最も効果的かといった検討も必要である．従来，このような設計問題に対応する手法は存在しなかったが，本書では，それに関して近年開発された最新の設計手法を，第5章において紹介する．

(3)「想定外」に学ぶ

「想定外」．この言葉をよく耳にする．2011年3月の東日本大震災の後も，この言葉は，安全神話の崩壊の象徴のごとくマスメディアに幾度となく登場した．

ここで，想定外には二つの意味があることに注目する．その一つは，優先度の低さから「想定しなかった」想定外，もう一つは，予想もつかないレベルの「想定できなかった」想定外である．

前者の「想定しなかった」想定外は，現在の科学技術で予想することが可能な範囲内の事象である．しかし，その発生確率や影響度の不確かさからコストなどほかの要因が優先され，結果として開発段階における想定からは外されてしまったものである．このような想定外は，実際のところかなり多いのではないだろうか．東日本大震災における津波対策や原発の安全対策の問題もこれに該当する．

東日本大震災後の原発事故に関して，国際原子力機関(IAEA)の関係者らは，「比較的コストのかからない改善をしていれば，完全に回避できた可能性がある」と指摘している．この指摘内容の是非とその効果は明示されていない．しかしながら，その可能性は十分にあり，この指摘は，さまざまな問題の発生確率やその影響度をその不確かさを含めてしっかり考慮することで，的確な総合的判断を行うことの重要性を改めて認識させてくれる．

一方，後者の「想定できなかった」想定外は，いくら科学技術の粋を尽くしても予想できない事象を指す．この場合，開発段階での対応は不可能である．しかし，仮に開発段階では想定が不可能であったとしても，その後の使用段階において科学技術が進展し，想定とその対応策が可能になる場合も考えられる．とくに，原発のように長期に使用する際には，そのような可能性が高いのではないだろうか．ただし，一般に，使用段階における対応策の折り込みには多くの費用がかかる．そのため，この想定外においても，前者の「想定しなかった」想定外と同様に，その問題の不確かな発生確率や影響度とほかのさまざまな要因を総括した的確な判断が肝要であるといえよう．

以上に示したように，「想定外」に対応するためには，発生確率や影響度の不確かさをしっかりと捉え，的確で総合的判断が重要な鍵を握ることが理解できる．しかしな

がら，実際の開発においては，「あちらを立てれば，こちらが立たず」といった，二律背反の**トレードオフ問題** (trade-off problem) となっている場合が多い．そのため，このトレードオフ問題をさまざまな不確かさの条件下で的確に解くことが，想定外の問題を解決する本質的課題といえるであろう．

しかし，このようなトレードオフ問題に対して，近年のものづくりはただ手をこまねいているわけではない．一見トレードオフにみえる関係やそこに存在する不確かさも，工夫次第では解決が可能となる場合も多い．そして，いま，その手法として注目されているのが**ロバストデザイン** (robust design) なのである[4]．

1.2 ロバストデザインの概要

(1) ロバストデザインとは

ロバスト (robust) は，「強靭な」，「頑健な」などと訳され，その言葉には，さまざまなばらつきや多様性に対してつねに安定した強靭さを有するという意味が込められている．そして，その**ロバスト性** (robustness) を確保するために，考えられるさまざまな手段のなかから最適な手段を選定し，**設計解** (design solution) としての人工物を導く設計が**ロバストデザイン** (robust design) である．

たとえば，強靭であるためには，堅固な強靭さがつねに望ましいとは限らない．風にしなる竹がもつしなやかな強靭さが適切な場合もある．強靭さをもたせるためにはさまざまな手段がある．そして，それらの手段のうち，多様な場に対して安定的に機能や品質を確保するためにロバストデザインが用いられる．

元来，ロバストデザインは，人工物のばらつき（寸法誤差，材料のばらつきなど）に対して，設計目標となる機能特性 (**目標特性** (objective characteristic)) を安定的に確保するための手法としてはじまった．Taguchi が提唱したいわゆる**タグチメソッド** (Taguchi method)[5-12] は有名であるが，近年では，世界中でさまざまな手法が開発され，急成長している．

たとえば，Otto らは，タグチメソッドを応用し，目標特性に影響を与える**因子** (factor) のばらつきの出現確率を評価できるようにし，タグチメソッドにおいて均一とされていた因子の水準間における出現確率を用いてロバスト性評価を可能にしている[13]．Wilde らは，因子のばらつきの最大・最小値の組合せから算出した目標特性をもとに，そのばらつきの幅を評価する手法を提案した[14, 15]．また Arakawa・Yamakawa らは，因子のばらつきを左右非対称で表現した**ファジィ数** (fuzzy number) と**目的関数** (objective function) の微分値を用いて，算出した目標特性のばらつきを評価する手法を開発し

ている[16-18].

　以上に示した手法は，これまでに開発されたロバストデザインの手法の一部であり，現在では，ほかにもさまざまな手法が存在している．そして，これらの新たなロバストデザインの手法を用いることにより，従来では対応が難しかった不確かさに対するロバスト性の確保が可能となってきている．それらについて，本書の第2章以降で紹介する．

(2) ロバストデザインの基本概念

　ここでは，ロバストデザインの基本概念について解説する．まず，ロバストデザインにおいて用いられる基本的な用語を説明する．

　まず，設計目標となる機能特性は，**目標特性** (objective characteristic) である．これは，**最適化法** (optimization method) で用いるものと同様である．つぎに，目標特性に関与する因子のなかで，設計者が制御可能な因子を**制御因子** (control factor)，制御不可能な因子を**誤差因子** (noise factor) とよぶ．たとえば自動車開発において，車の加速度という目標特性に対して，車体重量は制御因子，積載重量は誤差因子となる．なお，誤差因子は，ものづくりにおける不確かさに対応したロバストデザインの手法（以下，ロバストデザイン法）に特有の因子であり，従来の最適化法には存在しない．そのため，誤差因子をいかに取り扱うかが，ロバストデザイン法を用いるうえでの重要な鍵を握る．最後に，これら三つの物理特性の関係式が，**目的関数** (objective function) である．この目的関数には，従来の最適化法では取り扱わない誤差因子が含まれることが特徴である．また，先に述べたように，この誤差因子をいかに取り扱うかは，この目的関数をどのように設定するかという問題である．

　図1.1に，ロバストデザインの概念図を示す．この図が示すように，従来の最適化法

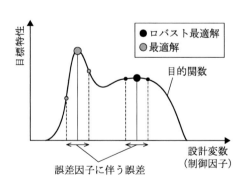

図 1.1　ロバストデザインの概念図

では，目標特性が最大値あるいは最小値となる設計変数（ロバストデザイン法では制御因子）が設計解となるが，ロバストデザイン法においては，目標特性の変化量が小さいなど，ばらつきに対してロバスト性を有する解を設計解とすることを基本とする．

1.3 二つのロバストデザイン法

ロバストデザイン法には，大きく分けて二つの種類が存在する．ここでは，その二つの手法を比較するため，設計行為の一般性を表現するモデルである**多空間デザインモデル** (multispace design model)[19] を用いて，解説する．

(1) 多空間デザインモデル

多空間デザインモデルとは，設計というヒトの創造的行為の一般性を説明する**デザイン科学** (design science)[20] において，その要となる**デザイン理論** (design theory) における一つの枠組みである．デザイン科学と多空間デザインモデルについては，その詳細を本書の付録にて紹介したので，参照されたい．

多空間デザインモデルの特徴は，考慮すべき設計・デザインに関する要素を複数の**空間**[†2] (space) に分けることで，ヒトの設計行為を表現する点にある．多空間デザインモデルにおける多空間（複数の空間）にはさまざまな設定が考えられるが，図 1.2 にその代表的なモデルを示す．

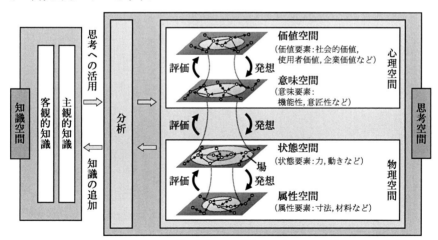

※ ○：設計・デザインに関する要素　⇄：要素同士の関連性

図 1.2　多空間デザインモデル

---

†2　設計要素が存在する場所のこと．

　この図が示すように，本モデルは，設計者の思考を説明する**思考空間** (thinking space) とその思考の際に利用する知識の体系を示す**知識空間** (knowledge space) により構成される．ここでは，設計者がいかに思考し，ロバストデザインを行うかを考察するために，以降では思考空間に注目する．

　人工物の設計行為は，設計目標である価値（社会的価値，文化的価値，使用者個人にとっての価値，企業にとっての価値など）や意味（機能性，意匠性，イメージなど）の心理的要素を，設計解である力学的特性や形状・材料などの物理的要素に写像する行為であるといわれている．そのため，設計における思考空間には，**心理空間** (psychological space) と**物理空間** (physical space) が存在する．また，それぞれの空間は，**価値空間** (value space) と**意味空間** (meaning space)，**状態空間** (state space) と**属性空間** (attribute space) で構成される．

　ここで，これらの空間を説明するために，身近な椅子の設計を題材として，その思考過程を考えてみる．

　まず，設計する椅子に求められる要素の一つとして「良い座り心地」が考えられる．この要素は，使用者個人にとっての価値であり，さまざまな価値を表す価値空間における一つの**価値要素** (value element) である．

　つぎに，「良い座り心地」を実現するための製品の機能性を考えると，「体へのフィット性の確保」や「尻滑りの発生なし」などが挙げられる．これらは，意味空間における**意味要素** (meaning element) に相当する．

　そして，これらの意味要素に対応する物理特性として，「体圧分布の分散」や「小さな座面せん断力」などが挙げられる．これらは状態空間における**状態要素** (state element) である．なお，椅子の座り心地（価値要素）や体へのフィット性の確保（意味要素）は，それが使用される空間（使用環境），ヒトの体格（使用者），着座姿勢（使われ方）などの場により左右される．つまり，椅子の価値や意味は，状態空間における椅子の特性と場の特性の組合せで決定するのである．そのため，状態空間における状態要素には，椅子の使用環境，使用者，使われ方などの場の特性も含まれる．

　最後に，状態要素に関与する設計対象の仕様として材料や形状などが挙げられる．たとえば，状態要素「体圧分布の分散」や「小さな座面せん断力」を具現化する仕様として，「座面の材質」や「クッションアングル（座角）」などが挙げられる．これらの仕様は，属性空間における**属性要素** (attribute element) として表現され，これらが決定されたとき，設計行為における最終的な設計解となる．

　以上に示したように，多空間デザインモデルでは，設計・デザインに関する要素を価値空間，意味空間，状態空間，属性空間の4空間をはじめとした複数の空間に分割し，その空間間の関係に注目する．そして，各空間間の写像を繰り返す行為として，設計

行為を表現している.

(2) 多空間の観点からみた二つのロバストデザイン法

ここでは，多空間デザインモデルで示した価値，意味，状態，属性の四つの空間を用いて，2種類のロバストデザイン法の違いについて解説する.

1.1節でも述べたように，不確かさには人工物自身（寸法や材料特性など）のばらつきと場（使用環境や使用者など）の多様性の二つの種類がある. そのため，誤差因子もそれに対応して2種類が存在するのである. そして，それぞれの誤差因子に対して，機能や品質のロバスト性を確保するためのロバストデザイン法が提案されている. 以下に，両者のロバストデザイン法について多空間の観点から説明する.

まず，前者の人工物自身のばらつきを誤差因子とするロバストデザイン法では，誤差因子が寸法や材料特性などである. つまり，誤差因子は属性要素である. そして，これらの属性要素にばらつきが発生することで，そのばらつきが状態要素，意味要素，価値要素へと影響を及ぼす. その影響を極力少なくすることが，本ロバストデザイン法の狙いである.

なお，この誤差因子は一般に量産品の製造過程に多く現れることから，本ロバストデザイン法は，**詳細設計** (detail design)[21] とよばれる設計の下流過程で用いられることが多い (p. ii の図参照).

一方，後者の多様な場を誤差因子とするロバストデザイン法では，誤差因子は多様な使用環境，使用者，使い方などである. つまり，誤差因子は状態要素であり，その多様な状態要素は，一般に意味要素や価値要素に大きな影響を及ぼす. 本ロバストデザイン法は，その影響を極力抑える属性要素を導出することを狙いとしている.

なお，この誤差因子は一般に，どんな使用者が，どのような環境で，いかなる使い方をするのかといった市場調査の結果を用いる**概念設計** (conceptual design) や**基本設計** (basic design)[21] とよばれる設計の上流過程で取り扱われることが多い (p. ii の図参照).

このような**多様場** (diverse circumstance, diverse condition) に対応する手法は，近年開発されたばかりの先進の手法である. 昨今，使用者のニーズの個性化や市場のグローバル化にともなって，設計の上流過程において多様場を考慮する必要性が高まっている. 従来の設計では，平均的な使用者の特性や嗜好，一般的な使用用途などの平均的な場を想定することにより，画一的な人工物をつくってきた. このため，平均的な場とは異なる環境で使用された際には，価値や意味（機能性などの評価）の極端な低下が生じるなど，多くの問題が発生しており，このことは使用者の総合的な満足度を低減させる原因となっている. こうした状況からも多様場を的確に捉え，人工物の総

合的な評価を向上させるためのロバストデザインを行う必要があった．本手法は，そのニーズに応えるかたちで開発され，今後の活用が期待されている．

　以上に示したように，二つのロバストデザイン法は，その狙いや内容ともに異なる．また，用いられる設計過程にも違いがある．前者の人工物自身のばらつきに対応する手法は，タグチメソッド以来，さまざまな手法が開発・適用され，多大な実績をあげてきた．それらの手法については，本書において，第3章および第4章で紹介する．後者の多様場に対応する手法は，設計の上流過程に使用できる手法が期待されるなか，本書において初めて紹介する手法である．この手法については，第5章で解説する．

1.4 ロバストデザインの変遷

　ここでは，ロバストデザイン法の変遷について述べる．ロバストデザイン法は，図1.3に示すように，1920年代に興った**実験計画法**[22-24] (design of experiment)の流れを汲む「実験に基づくロバストデザイン法」と，その後の1940年代に興った**数理計画法**[25-27] (mathematical programming)の流れを汲む「シミュレーションに基づくロバストデザイン法」の二つに大別できる．本書では，人工物のばらつきに対応する手法として，前者を第3章，後者を第4章にて紹介する．

　前者は，実験計画法から発展した**パラメータ設計**[5-12, 22] (parameter design) とそ

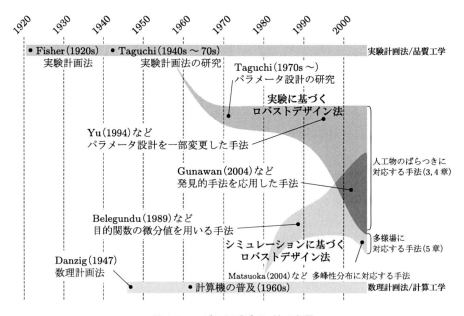

図1.3　ロバストデザイン法の変遷

の周辺の手法であり，Taguchi により提案された．近年では，パラメータ設計におい
て考慮しない因子の従属関係の違いを導入した Yu らの手法[28, 29] や Matsuoka らの
設計事例[30] が報告されるなど，パラメータ設計を拡張した手法が提案されている．ま
た，この手法は実験計画法の流れを汲むことから，当初，実験データを用いることが
主流であったが，現在ではシミュレーションに基づく手法も多く研究・適用されてお
り，その有効性は高く評価されている．

　一方，後者は，数理計画法から発展し，**計算工学** (computational engineering and
science) における最適化法を積極的に利用した手法である．本手法は，計算機の普
及やその高性能化と相まって，最適化法に関する研究が盛んに行われた 1980 年代後
半に多く提案された．近年では，**遺伝的アルゴリズム** (genetic algorithm，GA) を
用いた Gunawan らの手法[31] など，試行錯誤を繰り返してある程度のレベルで**最適
解** (optimum solution) に近い解を導出できる，**ヒューリスティック手法** (heuristic
method)[25, 26] を応用した手法が多く提案されている．

　上述した二つの種類のロバストデザイン法は，以前には実験と数値シミュレーショ
ン（以下，シミュレーション）で区別することができた．しかし，近年の CAD・CAE
の普及にともない，設計におけるシミュレーションの必要性が高まっている．このた
め，前者のロバストデザインの分野においてもシミュレーションを用いた適用事例が
多くみられるようになり，両者を明確に区別するのは難しくなってきている．このよ
うな背景から，現在では，さまざまな手法の特徴を的確に把握し，適切な選択を容易
にすることが強く望まれている．本書では，その要求に応えるべく，第 2 章にて，ロ
バストデザインのさまざまな手法の概説と設計問題の特徴に基づいた分類体系を示す
とともに，容易にかつ的確に選択するためのフローチャートを提示した．

参考文献

[1] 松岡由幸：デザインサイエンス　未来創造の"六つ"の視点，丸善，2008
[2] 松岡由幸：演説館「時間軸をデザインする時代—日本独自の産業化と日本再生に向けて」，
　　三田評論，1151 号，52–55，2011
[3] 向井周太郎（監修）：現代デザイン辞典，平凡社，2010
[4] 松岡由幸：「ロバスト」デザインのすすめ，日刊工業新聞 (2011 年 7 月 26 日)，14 面，
　　2011

[5] R.N. Kackar：Taguchi's quality philosophy analysis and commentary. An introduction to and interpretation of Taguchi's ideas, *Quality Progress*, 19-12, 21–29, 1986

[6] D.M. Byrne, S. Taguchi：The Taguchi approach to parameter design, *ASQ's Annu Qual Congr Proc*, 40, 168–177, 1986

[7] 田口玄一：品質工学講座 1　開発・デザイン段階の品質工学，日本規格協会，1988

[8] 田口玄一：品質工学講座 3　品質評価のための SN 比，日本規格協会，1988

[9] 田口玄一：品質工学講座 4　品質設計のための実験計画法，日本規格協会，1988

[10] 田口玄一：品質工学講座 6　品質工学事例集　欧米編，日本規格協会，1990

[11] 田口玄一：品質工学講座 7　品質工学事例集　計測編，日本規格協会，1990

[12] G. Taguchi：Taguchi on robust technology development, ASME Press, 1993

[13] K.N. Otto, E.K. Antosson: Extensions to the Taguchi method of product design, *Transaction of the ASME Journal of Mechanical Design*, 115-1, 5–13, 1993

[14] D.J. Wilde: Monotonicity analysis of Taguchi's robust circuit design problem, *ASME DE*, 23-2, 75–80, 1990

[15] D.J. Wilde: Monotonicity Analysis of Taguchi's Robust Circuit Design Problem, *Transaction of the ASME Journal of Mechanical Design*, 114-4, 616–619, 1992

[16] M. Arakawa, H. Yamakawa: A study on Optimum Design Using Fuzzy Numbers as Design Variables, *ASME DE*, 82, 463–470, 1998

[17] 荒川雅生，山川宏，萩原一郎：ファジィ数を用いたロバスト設計手法の検討，日本機械学会論文集 C，65，632，1601–1608，1999

[18] 荒川雅生，山川宏，石川浩：ファジィ数を用いたロバスト設計手法の検討　第 2 報，日本機械学会論文集 C，67，653，192–200，2001

[19] 松岡由幸：インダストリアルデザインとエンジニアリングデザインの「あいだ」，精密工学会誌，77，11，998–1002，2012

[20] Y. Matsuoka: Design Science, Maruzen, 2010

[21] 松岡由幸：最適デザインの概念，共立出版，2008

[22] 田口玄一：実験計画法，丸善，1976

[23] 松本哲夫，辻谷将明，和田武夫：実用実験計画法，共立出版，2005

[24] 松岡由幸，栗原憲二，奈良敢也，氏家良樹：製品開発のための統計解析学，共立出版，2006

[25] 山川宏：最適化デザイン，培風館，1993

[26] 山川宏：最適デザインハンドブック，朝倉書店，2003

[27] 渡辺浩，青沼龍雄：数理計画法，筑摩書房，1974

[28] J.-C. Yu, K. Ishii: Robust design by matching the design with manufacturing variation patterns, *ASME DE*, 69-2, 7–14, 1994

[29] J.-C. Yu, K. Ishii: Design for robustness based on manufacturing variation patterns, *Transaction of the ASME Journal of Mechanical Design*, 120-2, 196–202, 1998

[30] Y. Matsuoka, K. Kawai, R. Sato: Vibration Simulation Model of Passenger-Wheelchair System in Wheelchair-Accessible Vehicle, *Transaction of the ASME Journal of Mechanical Design*, 125, 779–785, 2003

[31] S. Gunawan, S. Azarm: Non-gradient based parameter sensitivity estimation for single objective robust design optimization, *Transaction of the ASME Journal of Mechanical Design*, 126, 3, 395–402, 2004

第**2**章

ロバストデザイン法の紹介と分類体系

第2章では，ロバストデザインのさまざまな手法を概説することで，ロバストデザインを俯瞰する．また，それらの手法に関して，設計問題の特徴に基づいた分類体系と選択フローチャートを示すことで，読者の皆様が適用する際に，容易にかつ的確に選択できるようにする．

2.1 ロバストデザイン法の概要

本節では，ものづくりにおける不確かさとして，第1章で挙げた人工物のばらつきと多様場にそれぞれ対応するロバストデザイン法の概要について述べる．

2.1.1 人工物のばらつきに対応するロバストデザイン法

人工物のばらつきに対応するロバストデザイン法は，それを利用する立場から見ると，実験を用いる手法とシミュレーションを用いる手法に大別される．以下に，それぞれの手法について例を交えながら説明する．

(1) 実験を用いるロバストデザイン法

多くの人工物設計においては，その性能や安全性などを確認するための実験が行われる．しかしながら，実験は，人工物の試作はもとより，実験設備や実験者の確保などの膨大なコストと時間を要する．このため，近年の人工物設計においては，まず，シミュレーションで人工物を評価しながら設計パラメータを決めていき，その後，最終的な性能や安全性を実験で確認することが多い．たとえば，強度部材の設計においては，コンピュータ (CAD) 上で作成した人工物を強度解析ソフト (CAE) で評価しながら寸法などのパラメータを決定し，その後，試作品を用いた実験により最終的な評価を行う．しかしながら，科学的に解明されていない特性や，ヒトの感性にかかわる特性に関しては，実験によりパラメータを設定するしかない．このような特性のロバス

ト性を向上させる手法が，実験を用いるロバストデザイン法である．以下に，ブレーキの設計（摩擦材の材料選定）を例に，同手法の概要を説明する．

　ブレーキは，自動車や電車など，動く人工物に取り付けられる一般的な機械部品である．多くのブレーキは，摩擦材を動作部に押し当てることで生じる摩擦力により人工物を制動する．たとえば，図2.1に示したディスクブレーキは，回転運動する物体が取り付けられたディスクロータに対してアーマチュアを押し当てることにより摩擦力を発生させる．このように，ブレーキの設計においては，摩擦力を安定的に確保する必要があるものの，それを正確に制御する技術は確立されていない[†1]．このため，ブレーキ開発における摩擦材は，表面粗さなどの材料特性や温度などの周囲条件を想定した実験を繰り返し行うことにより，得られたデータを用いて評価・選定されることが多い．この場合，ロバスト性の高い（ばらつきに対して摩擦係数が安定した）摩擦材を選定するためには，上述した表面粗さや周囲温度などに加えて，湿度や回転速度（ブレーキ作動時速度）など，数多くの実験条件を想定する必要がある．このような実験条件の増加にともない，実験数も指数関数的に増加するため，一部の実験条件を選定し，機能のロバスト性を効率的に評価することが肝要である．

　実験を用いるロバストデザイン法では，効率的に実験データを得るために，図2.2のような**直交表** (orthogonal array) というツールを用いて実験回数を低減することが多い．また，図2.3のように，ばらつきの出現確率や従属性など，設計問題の特徴に

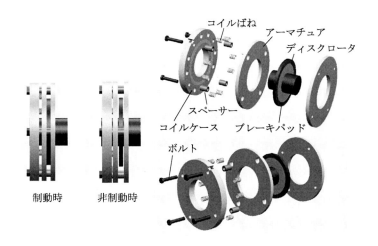

図 2.1　ディスクブレーキの構造

---

†1　摩擦力は，摩擦材の動作部への押付け力とそれらの材料間の摩擦係数で決まるものの，後者の摩擦係数は，周辺環境により大きくばらつくため，制御が難しい．

	:	温度	湿度	表面粗さ	回転速度	:	:	:
1	1	1	1	1	1	1	1	1
2	1	1	2	2	2	2	2	2
3	1	1	3	3	3	3	3	3
4	1	2	1	1	2	2	3	3
5	1	2	2	2	3	3	1	1
6	1	2	3	3	1	1	2	2
7	1	3	1	2	1	3	2	3
8	1	3	2	3	2	1	3	1
9	1	3	3	1	3	2	1	2
10	2	1	1	3	3	2	2	1
11	2	1	2	1	1	3	3	2
12	2	1	3	2	2	1	1	3
13	2	2	1	2	3	1	3	2
14	2	2	2	3	1	2	1	3
15	2	2	3	1	2	3	2	1
16	2	3	1	3	2	3	1	2
17	2	3	2	1	3	1	2	3
18	2	3	3	2	1	2	3	1

図 2.2　直交表による実験回数の削減

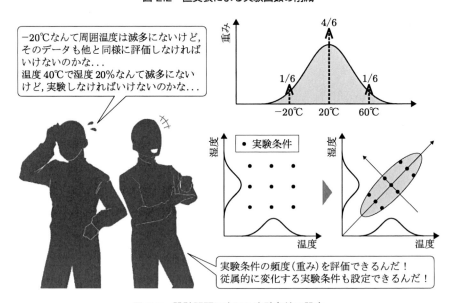

図 2.3　設計問題に応じた実験条件の設定

応じて，ロバスト性を適切に評価するための実験条件も提供する．

本手法の起源は Taguchi が開発したタグチメソッドとよばれる手法[1-9] であり，現在は品質工学という一つの学問分野にまで発展している．同手法に関しては，多くの図書が出版されているため，ご存知の読者も多いと思う．本書では，読者の皆様が抱える設計問題に合致したロバストデザインを実践していただくために，品質工学はもとより同手法を応用して提案された手法も紹介している．

なお，実験を用いるロバストデザイン法を本設計問題に適用した詳細は，3.4 節の設計事例 (p. 60 参照) に記載した．

(2) シミュレーションを用いるロバストデザイン法

シミュレーションを用いて人工物設計を行うためには，人工物の機能とそれに影響する要因の関係式である，目的関数や制約関数の導出（モデリング）が必要となる．人工物の機能のなかには，それ自身の力学特性や電気特性のように一般的な法則に基づいてモデリングできるものもあれば，その使用者の感性（認識や感受性など）や生理特性（血流量や脳波など）のようにアンケートや実験データを統計的に解析することによりモデリングされるものもある[†2]．これらの関数を用いて，ロバスト性を向上させる手法が，シミュレーションを用いるロバストデザイン法である．以下に，椅子の設計（座面と背もたれ角度の選定）を例に，同手法の概要を説明する．

鉄道車両の椅子のように公共性の高い場所に設置される椅子は，子供から老人までさまざまな体格の人間が使用する．このため，これらの椅子は，さまざまな体格の使用者が座り心地が良いと感じるように設計する必要がある．椅子の座り心地にかかわる要因は数多く挙げられているが，ここでは簡略化のため，尻滑り力とヒップアングルの二つの特性を考えることとする．尻滑り力とは，図 2.4 に示すように，着座時において使用者の臀部に生じる前方向への力であり，一方，ヒップアングルは着座時の人体における上半身と下半身がなす角度である．両者とも，ある範囲を超えた場合に不快感が生じるとされている．尻滑り力とヒップアングルは，図 2.5 に示すように，人体と椅子の簡易的な物理モデルを想定することで，目的関数と制約関数としてモデリングされる．この目的関数と制約関数を用いて最適解を導出することが，一般的な最適化法による手順である．一方，ロバストデザイン法では，両者のばらつきに関する特性を考慮し，ロバスト性評価のための指標として両者をリモデリングしたうえで，**ロバスト最適解** (robust optimum solution) を導出する．上述の例でいえば，尻滑り力（目的関数）のばらつきを考慮し，尻滑り力の平均値と標準偏差の線形和とするな

---

†2 本書では，目的関数と制約関数の導出方法についての説明は省略する．関数の導出方法については，多変量解析や応答局面法などの専門書籍を参照されたい．

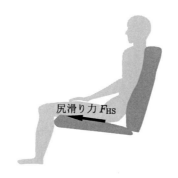

図 2.4　尻滑り力

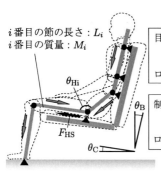

i 番目の節の長さ：L_i
i 番目の質量：M_i

目的関数（尻滑り力 F_{HS}）：$f(\theta_{\mathrm{C}}, \theta_{\mathrm{B}}; L_i, M_i)$

▼ リモデリング

ロバスト性評価指標：$F(\theta_{\mathrm{C}}, \theta_{\mathrm{B}}; L_i, M_i, \Delta\theta_{\mathrm{C}}, \Delta\theta_{\mathrm{B}}, \Delta L_i, \Delta M_i)$

制約関数（ヒップアングル θ_{Hi}）：$g(\theta_{\mathrm{C}}, \theta_{\mathrm{B}}; L_i, M_i) \leq 0$

▼ リモデリング

ロバスト性評価指標：$G(\theta_{\mathrm{C}}, \theta_{\mathrm{B}}; L_i, M_i, \Delta\theta_{\mathrm{C}}, \Delta\theta_{\mathrm{B}}, \Delta L_i, \Delta M_i) \leq 0$

※ Δ は，ばらつきの大きさを表す

図 2.5　尻滑り力のモデリング

どのリモデリングが考えられる．

　シミュレーションを用いるロバストデザイン法には，図 2.6 のように，目的関数の微分値と因子の最大ばらつきの積でロバスト性を評価するようなリモデリングを行い，得られた目的関数を用いてロバスト最適解を導出するもの[10,11] がある．また，図 2.7 のように，因子のばらつきの最大値が制約条件を満たすようにリモデリングされた制約関数を用いて，ロバスト最適解を導出するもの[12] もある．シミュレーションを用いるロバストデザイン法は，このような設計問題の特徴に応じて，ロバスト性を評価するためのリモデリングの方法を提供する．なお，ロバスト最適解は一般的に最適化法を用いて導出されるが，最適化法に関しては多くの書籍があるため，本書ではそれらの文献を参照することで省略している．

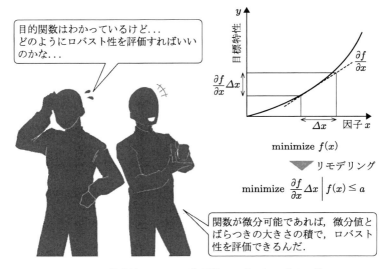

図 2.6　微分値を用いた目的関数のロバストモデリング

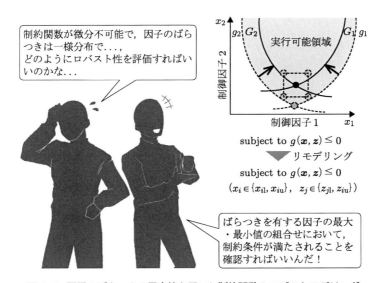

図 2.7　因子のばらつきの最大値を用いた制約関数のロバストモデリング

2.1.2　多様場に対応するロバストデザイン法

　多様場に対応するロバストデザイン法は，前項の (2) で述べたシミュレーションを用いるロバストデザイン法を応用した手法である．本手法には，多様な目的関数や制約関数により生じる多峰性の確率密度分布に対応する手法[13, 14]と，それに加えて，可変機構（により可変する制御因子）を用いてロバスト性を向上することを想定した手法[15–17]がある．以下に，それぞれの手法について例を交えながら説明する．

　市場のグローバル化やアイデンティティを重視した製品の個別化（個性化）にともない，近年の人工物設計が想定する使用者や使用環境（以下，場）は多様化している．このため，多様な場 (**多様場** (diverse circumstance, diverse condition)) に対して機能のロバスト性を確保する手法が求められている．前項で述べた手法は，材料のばらつきや使用者の体格のばらつきなどの多様場を想定しているといえる．しかし，それらは，目標特性に対する因子の数量的なばらつきに限定されている．このため，目標特性と因子の関係（関数）が変化するような，質的なばらつきを包含する多様場には対応できていない．すなわち，前項で述べた手法は，図 2.8 (a) のように，因子のばらつきに対する目標特性のばらつきが小さくなるロバスト最適解を導出する．一方，本項で述べる手法は，図 2.8 (b) のように，因子のばらつきに加えて，目的関数や制約関数の多様性に対してばらつきが小さくなるロバスト最適解を導出する．

　多様な関数を想定する場合，目標特性や制約特性の分布は，各関数により生じる分布が重なり合った**多峰性分布** (multimodal distribution) となる．このような確率密度分布のロバスト性を正確に評価・向上するための手法が，多様な目的関数に対応するロバストデザイン法である．以下に，前項の (2) で述べた椅子の設計を例に，同手法の概要を説明する．

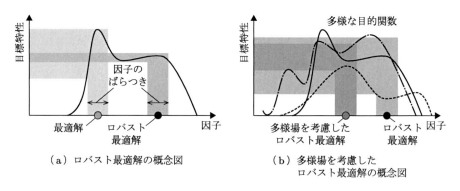

（a）ロバスト最適解の概念図　　　　　　（b）多様場を考慮した
　　　　　　　　　　　　　　　　　　　　　ロバスト最適解の概念図

図 2.8　ロバスト最適解の比較

　前項の (2) で述べた例では，さまざまな体格の使用者が座り心地が良いと感じるように，体格の違いにより生じる尻滑り力のばらつきを最小化した．具体的には，尻滑り力の目的関数は，図 2.5 に示したように，標準的な着座姿勢を想定した一つの目的関数で表され，同目的関数のパラメータ（各部位の長さや質量）のばらつきにより生じる尻滑り力のばらつきを最小化していた．しかし，実際の着座姿勢は多様であり，上述した着座姿勢以外にも，図 2.9 のように臀部を椅子前方に移動した着座姿勢があると報告されている．この場合，目的関数自体が変わるため，多様場に対応するロバストデザイン法が必要になる．

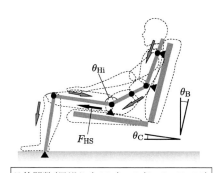

目的関数(尻滑り力 F_{HS})：$f_2(\theta_C, \theta_B; L_i, M_i)$ 　 目的関数(尻滑り力 F_{HS})：$f_3(\theta_C, \theta_B; L_i, M_i)$

（a）臀部を椅子前方へ移動し 　　　　　（b）臀部を椅子前方へ移動し
　　 腰部を伸展させた姿勢 　　　　　　　　　 腰部を屈曲させた姿勢

図 2.9　椅子の設計問題（ヒトの着座姿勢）

　多様場に対応するロバストデザイン法においては，図 2.10 のように，目標特性や制約特性が許容範囲を満たす確率によりロバスト性を評価する．これにより，目標特性や制約特性が多峰性分布であってもロバスト性を正確に評価できる．さらに，平均値と標準偏差の線形和などのように設計問題上で意味のない値であった従来のロバスト性評価と異なり，本手法におけるロバスト性（特性が許容範囲内に収まる確率）は，設計問題上の重要な指標であるため，それに関する目標を立てることが容易である．
　また，本手法のなかには，導出したロバスト最適解のロバスト性が十分でない場合を想定して，図 2.11 や図 2.12 のような可変機構を用いて制御因子を可変させることにより，ロバスト性を向上させるものもある．可変機構の設計においては，可変する範囲をどの程度に設定すべきかを判断する指標が必要となる．本手法では，図 2.13 のように，可変する制御因子を想定することで，ロバスト性を確保するために必要な可変範囲をロバスト最適解として導出することができる．

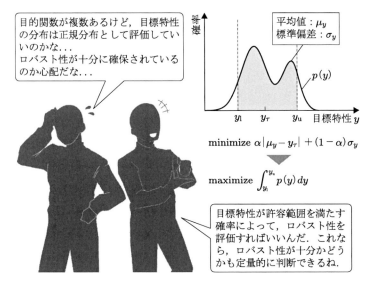

図 2.10 目的関数が複数存在する場合のロバストモデリング

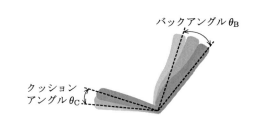

図 2.11 椅子のリクライニング機構（可変機構の例）

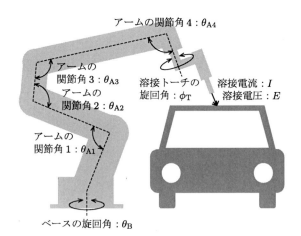

図 2.12 フレキシブル生産システムのサーボ機構（可変機構の例）

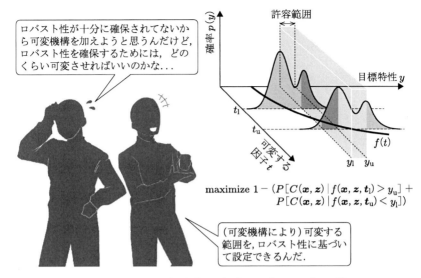

図 2.13 可変機構を想定する場合のロバストモデリング

2.2 実験を用いるロバストデザイン法の紹介と分類体系

本節では，本書で紹介するロバストデザイン法のうち，実験を用いるロバストデザイン法を紹介するとともに，設計問題の特徴を分類基準とした分類体系とそれに基づく各手法の選択フローチャートについて述べる．

2.2.1 実験を用いるロバストデザイン法の紹介

□ Taguchi の手法[1–9] (p. 45 参照)

ロバストデザイン法の起源とされる手法（品質工学においてはパラメータ設計とよばれる）．直交表を用いて目標特性の値を採取し，各因子のばらつきより生じる目標特性のばらつきを算出する．そして，目標特性のばらつきを低減する第 1 段階と，目標特性の平均値を目標値へ近づける第 2 段階に分けて，制御因子の値を選択する．

□ Otto らの手法[18] (p. 49 参照)

Taguchi の手法を応用し，因子のばらつきの出現確率を評価できるようにした手法．Taguchi の手法において均一とされていた因子の水準間の出現確率を用いてロバスト性評価を行う．

□ Sundaresan らの手法[19] (p. 52 参照)

目標値への近さとばらつきの大きさの 2 目的の最適化を行う手法．ロバスト最適解の導出には，Taguchi の手法や Otto らの手法で用いた内側直交表ではなく，最適

化法を用いる.

☐ **Yu らの手法 (1)** [20,21] **(p. 54 参照)**

　Sundaresan らの手法を応用し，ばらつきを有する因子の水準間の出現確率を評価できるようにした手法. なお，この出現確率の値は目標特性と因子間の非線形を想定している.

☐ **Yu らの手法 (2)** [22,23] **(p. 57 参照)**

　Yu らの手法 (1) を応用し，ばらつきを有する因子の従属関係を評価できるように拡張した手法. 同因子の分散共分散行列の固有値と固有ベクトルを用いて水準値を設定する.

2.2.2　実験を用いるロバストデザイン法の分類体系

(1) 実験を用いるロバストデザイン法の分類

　実験を用いるロバストデザイン法は，因子の各水準の出現確率, 制御因子の個数, 因子のばらつきの**従属性** (dependency)，および目標特性と因子間の**非線形性** (nonlinearity) を基準として，表 2.1 のように分類することができる. 以下に各分類基準について説明する.

表 2.1　実験を用いるロバストデザイン法の分類

ロバストデザイン法 設計問題の特徴			Taguchi の手法	Otto らの手法	Sundaresan らの手法	Yu らの手法 (1)	Yu らの手法 (2)
因子の特徴	因子の各水準の出現確率を用いる			○		○	○
	制御因子	制御因子の数が多い （内側直交表を用いる）	○	○			
		制御因子の数が少ない （内側直交表を用いない）	○	○			
	因子におけるばらつ きの独立・従属性	独立性を想定する	○	○	○	○	
		従属性を想定する					○
目標特性の特徴	目標特性と因子間の非線形性を想定する			○*		○	○

○* : Yu らの手法 (1) と同様に重みを設定すれば，非線形性を想定した問題に対応できる.

□ 因子の各水準の出現確率

因子のばらつきの各水準が実際に起こる確率のこと. たとえば, ブレーキの設計において, トルク（目標特性）に関する誤差因子として周囲温度を考慮する場合, 温度の各水準の出現確率は地域により異なるため, 同出現確率を考慮することで, 寒冷地域での評価や熱帯地域での評価を区別することができる.

□ 制御因子の個数

制御因子における水準組合せの個数のこと. たとえば, ブレーキの設計において, トルク（目標特性）に関する制御因子がシューの材質, 表面処理, アーマチュアの表面粗さ, すり合わせ作業, …など多数あり, それらの水準数も多い場合には, 実験数を削減可能な内側直交表を利用するロバストデザイン法が有効である.

□ 因子のばらつきの従属性

因子のばらつきに従属関係（相関関係）があること. たとえば, 周囲の温度と湿度を誤差因子にとる場合において, 一般的には温度が高くなると湿度が高くなると考えられるため, 因子におけるばらつきの従属性を考慮したロバストデザイン法が有効である. 一方で, 因子のばらつきの独立性とは, 因子のばらつきと他の因子のばらつきに従属性がない（独立である）ことである.

□ 目標特性と因子間の非線形性

目標特性と因子間に非線形関係があること. たとえば, ブレーキの設計において, ブレーキ吸引時間（目標特性）と電圧（因子）間には非線形関係があることが理論的にわかっているため, 目標特性の非線形性を想定するロバストデザイン法が有効である.

(2) 実験を用いるロバストデザイン法の選択フローチャート

(1) で述べた分類基準に基づいた, 実験を用いるロバストデザイン法の選択フローチャートは, 図 2.14 のようになる. たとえば, 因子のばらつきが独立であり, 目標特性と因子間には線形関係が想定され, 制御因子の数が多く, 因子の水準の出現確率を設定するのであれば, Otto らの手法が選択される.

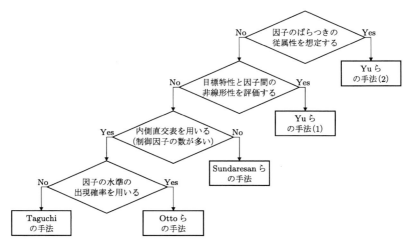

図2.14 実験を用いるロバストデザイン法の選択フローチャート

2.3 シミュレーションを用いるロバストデザイン法の紹介と分類体系

2.3.1 シミュレーションを用いるロバストデザイン法の紹介

(1) 目的関数を用いるロバストデザイン法の紹介

□ Wilde らの手法[24,25] (p. 71 参照)

　因子のばらつきの最大・最小値の組合せを用いて算出した，目標特性のばらつきの最大値と最小値の差（目標特性のばらつきの範囲）を評価する手法.

□ Belegundu らの手法[10,11] (p. 73 参照)

　因子のばらつきの大きさと目的関数の微分値を用いて算出した，目標特性のばらつきの大きさを評価する手法.

□ Arakawa・Yamakawa らの手法[26–29] (p. 75 参照)

　因子のばらつきを左右非対称に表現したファジィ数と，目的関数の微分値を用いて算出した，目標特性のばらつきの大きさを評価する手法.

□ Zhu らの手法[30] (p. 79 参照)

　多数の因子と目標特性の関係をヤコビ行列で表し，同行列とその転置行列の積に関する固有値・固有ベクトルを用いて算出した，同因子のばらつきに関する許容領域の大きさを評価する手法.

□ **Gunawan らの手法**[31] (p. 83 参照)

Zhu らの手法において評価する許容領域の大きさを，公称値から許容領域の境界までの最短距離に変更した手法．なお，最短距離は，ヒューリスティック手法を用いて算出する．

□ **Ramakrishnan らの手法**[32,33] (p. 86 参照)

因子のばらつきの平均値と標準偏差と目的関数の微分値を用いて算出した，目標特性のばらつきの平均値と標準偏差を評価する手法．

□ **Eggert らの手法**[34-36] (p. 89 参照)

Ramakrishnan らの手法により得られた目標特性のばらつきの平均値と標準偏差を用いて算出した，目標特性が許容範囲を満たす確率を算出し評価する手法．

(2) 制約関数を用いるロバストデザイン法の紹介

□ **Sundaresan らの手法**[12] (p. 93 参照)

因子のばらつきの最大・最小値の組合せを用いて算出した，制約特性のばらつきの最大・最小値が元の制約条件を満足する制約条件を設定する手法．

□ **Parkinson らの手法 (1)**[37-39] (p. 95 参照)

因子のばらつきの大きさと制約関数の微分値を用いて算出した，制約特性のばらつきの大きさの分だけ厳しい制約条件を設定する手法．

□ **Arakawa・Yamakawa らの手法**[26-29] (p. 96 参照)

因子のばらつきを左右非対称に表現したファジィ数と，制約関数の微分値を用いて算出した，制約特性のばらつきの大きさの分だけ厳しい制約条件を設定する手法．

□ **Parkinson らの手法 (2)**[37-39] (p. 99 参照)

因子のばらつきの標準偏差と制約関数の微分値を用いて算出した，制約特性のばらつきの大きさの分だけ厳しい制約条件を設定する手法．

□ **Eggert らの手法**[34-36] (p. 101 参照)

(1) で述べた Eggert らの手法と同様に算出した，制約特性が許容範囲を満たす確率の値が一定値以上となることを制約条件とする手法．

(3) 多様場に対応するロバストデザイン法の紹介

□ **Kato・Matsuoka らの手法 (1)**[13,14] (p. 115 参照)

目標特性または制約特性の許容上限・下限値（許容範囲）を設定し，モンテカルロ法を用いて算出した，目標特性または制約特性が許容範囲を満たす確率を評価する手法．

□ **Kato・Matsuoka らの手法 (2)** [13,14] (p. 119 参照)

Kato・Matsuoka らの手法 (1) と同様に目標特性または制約特性が許容範囲を満た
す確率を評価することに加え，目標特性または制約特性に関する重み関数により算
出した許容範囲内の重み（重要度）も評価する手法．

□ **Kato・Matsuoka らの手法 (3)** [15–17] (p. 124 参照)[†3]

モンテカルロ法を用いて算出した，可変機構により可変する目標特性が許容範囲を
満たす確率を評価する手法．なお，同確率の算出には，可変機構により可変する制
御因子の範囲における最大・最小値を用いる．

□ **Kato・Matsuoka らの手法 (4)** [15–17] (p. 128 参照)[†3]

Kato・Matsuoka らの手法 (3) と同様に，可変する目標特性が許容範囲を満たす確
率を評価する手法．なお，同確率の算出には，可変する制御因子の範囲のなかから
抽出されたいくつかの値を用いる．

2.3.2　シミュレーションを用いるロバストデザイン法の分類体系

(1) シミュレーションを用いるロバストデザイン法の分類

シミュレーションを用いるロバストデザイン法は，目的関数または制約関数の微分
可能性・単調性，因子のばらつきの範囲や分布型，因子の個数，目標特性の分布型など
を基準として分類することができる．これらの基準に，多様場に対応する手法に関す
る分類基準である，可変する制御因子と目標特性の重みを加えることにより，シミュ
レーションを用いるロバストデザイン法は，表 2.2 のように分類することができる．
以下に各分類基準について説明する．

□ **目的関数または制約関数の微分可能性・単調性**

目的関数または制約関数の微分値が算出可能であることと，目的関数または制約関
数が単調に増加または減少すること．たとえば，目的関数に三角関数が含まれる場
合，微分可能ではあるが単調性は仮定できない[†4]ため，微分値を用いるロバストデ
ザイン法が有効である．

□ **因子のばらつきの範囲や分布型**

因子のばらつきの上・下限値（範囲）と，平均値と標準偏差（正規分布）を想定す
ること．たとえば，公差が定められた寸法値のように上・下限値の範囲内でばらつ

---

†3　Kato・Matsuoka らの手法 (3) と (4) を適用する前に，ほかの手法によりロバスト性が十分に確保され
　　ないことを確認することを推奨する．詳細は，5.1.2 項を参照されたい．
†4　変数の範囲内において変曲点が存在しなければ，単調性を仮定できる場合もある．

表 2.2　シミュレーションを用いるロバストデザイン法の分類

設計問題の特徴			目的関数を用いる手法							制約関数を用いる方法					多様場に対応する手法			
			Belegundu らの手法	Ramakrishnan らの手法	Arakawa・Yamakawa の手法	Wilde の手法	Zhu らの手法	Gunawan らの手法	Eggert らの手法	Parkinson らの手法 (1)	Parkinson らの手法 (2)	Arakawa・Yamakawa の手法	Sundaresan らの手法	Eggert らの手法	Kato・Matsuoka らの手法 (1)	Kato・Matsuoka らの手法 (2)	Kato・Matsuoka らの手法 (3)	Kato・Matsuoka らの手法 (4)
目的関数・制約関数の特徴	微分可能な関数(関数の微分値を用いる)		○	○	○	−	○	○*	○	○	○	○	−	○	−	−	−	−
	単調増加・減少する関数(因子のばらつきの最大・最小値を用いる)		−	−	−	○	−	−	−	−	−	−	○	−	−	−	○	−
因子の特徴	因子のばらつきの特徴	左右対象なばらつきの範囲	○	−	○	○	○	○	○	−	○	○	○	○	−	−	−	−
		左右非対称なばらつきの範囲	−	−	○	○	−	−	−	−	−	○	○	○	−	−	−	−
		ばらつきの分布	−	○	−	−	−	−	−	−	−	−	−	−	○	○	○	○
	多数の因子(多数の因子におけるばらつきの許容領域を用いる)		−	−	−	−	−	○	○	−	−	−	−	−	−	−	−	−
	可変する因子		−	−	−	−	−	−	−	−	−	−	−	−	−	−	○	○
目標特性・制約特性の特徴	目標特性の分布型	確率密度関数が既知であること(正規分布など)	−	−	−	−	−	−	○	−	−	−	−	○	−	−	−	−
		確率密度関数が未知であること(多峰性分布など)	−	−	−	−	−	−	−	−	−	−	−	−	○	○	○	○
	目標特性の重み	一様	−	−	−	−	−	−	−	−	−	−	−	−	○	○	−	−
		非一様	−	−	−	−	−	−	−	−	−	−	−	−	−	○	−	−

○*：微分値がなくてもロバスト性を評価することができる.

く因子には前者を，一方，周囲温度など確率的にばらつく因子[†5]には後者を用いるロバストデザイン法が有効である．

□ 因子の個数

ばらつきを有する因子の個数のこと．たとえば，リンク機構の設計において，リンク先端部の位置（目標特性）に関する因子としてリンクの長さやジョイント部の位置を考慮する場合，リンクやジョイント部が多数の複雑なリンク機構においては，行列演算を用いてロバスト性を評価するロバストデザイン法が有効である．

□ 目標特性の分布型

目標特性の確率密度関数のこと．たとえば，椅子の設計において，座り心地を表す物理量（目標特性）に対して使用者（誤差因子）がどれだけ満足しているかを定量的に評価したい場合，目標特性の分布を考慮して，目標特性が許容範囲を満たす割合（確率的なロバスト性）を評価するロバストデザイン法が有効である．

□ 可変する制御因子

可変機構により，用途に応じて値が可変する制御因子のこと．たとえば，自動車用椅子の設計において，リクライニング機構やスライド機構などが必要か否か，また必要ならばどの程度の可変をすればよいかを判断する場合，可変する制御因子を用いるロバストデザイン法が有効である．

□ 目標特性の重み

目標特性の値に関する重みのこと（目標値において最大となる）[†6]．たとえば，ブレーキの設計において，製造工程におけるトルク（目標特性）の調整作業コスト（目標特性が目標値を外れることによる経済的な損失）は目標値から離れるほど大きくなるため，そのコストに基づいて重み関数を設定し[†7]，目標特性の重みを評価するロバストデザイン法が有効である．

(2) シミュレーションを用いるロバストデザイン法の選択フローチャート

(1) で述べた分類基準に基づく，シミュレーションを用いるロバストデザイン法の選択フローチャートを以下に述べる．

[†5]　この因子のばらつきの大きさは，確率的に設定されているため，設定したものよりも大きなばらつきが発生する可能性があるので注意されたい．

[†6]　許容範囲は，目標特性がそれに入るか入らないかの二値的な評価を行うのに対して，重みは，許容範囲内の目標特性の各値に応じて差別化した評価を行うことがきでる．

[†7]　コストは低いほど良いため，コストの逆数を用いて重み関数を設定するとよい．

□ 目的関数を用いるロバストデザイン法の選択フローチャート

目的関数を用いるロバストデザイン法の選択フローチャートは，図 2.15 のようになる．たとえば，目的関数が微分可能であり，目標特性の分布型も評価し，それが多峰性分布でなければ Eggert らの手法を選択する．一方で，多峰性分布も評価するのであれば，多様場に対応する手法を選択し，後述するフローチャートを用いて引き続き手法の選択を行うこととなる．

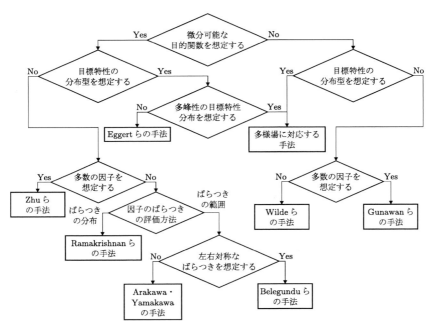

図 2.15　シミュレーションを用いるロバストデザイン法（目的関数を用いる手法）の選択フローチャート

□ 制約関数を用いるロバストデザイン法の選択フローチャート

制約関数を用いるロバストデザイン法の選択フローチャートは，図 2.16 のようになる．たとえば，制約関数が微分不可能であり，制約特性の分布型までは評価しないのであれば Sundaresan らの手法を選択する．一方で，分布型も評価するのであれば，多様場に対応する手法を選択し，後述するフローチャートを用いて引き続き手法の選択を行うこととなる．

□ 多様場に対応するロバストデザイン法の選択フローチャート[†8]

多様場に対応するロバストデザイン法の選択フローチャートは，図 2.17 のようにな
る．たとえば，可変する制御因子を用いてロバスト性を向上させることを想定せず，
目標特性・制約特性の許容範囲内の重要度を評価するのであれば Kato・Matsuoka
らの手法 (2) を選択する．

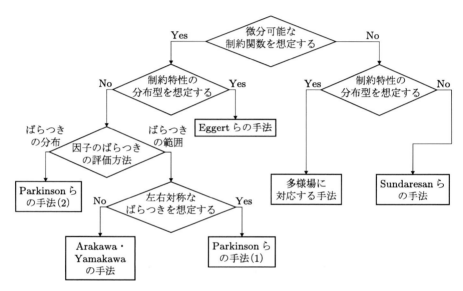

図 2.16　シミュレーションを用いるロバストデザイン法（制約関数を用いる
　　　　　手法）の選択フローチャート

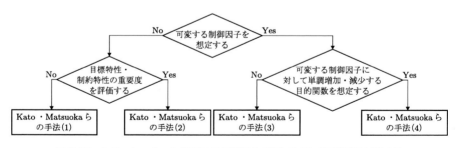

図 2.17　シミュレーションを用いるロバストデザイン法（多様場に対応する
　　　　　手法）の選択フローチャート

[†8]　Kato・Matsuoka らの手法 (3) と (4) は，可変する制御因子を用いる手法であるため，適用前にその必
要性（ほかの手法によりロバスト性が十分に確保されないこと）の確認を推奨する．詳細は，5.1.2 項を参
照されたい．

参考文献

[1] 松岡由幸，栗原憲二，奈良敢也，氏家良樹：製品開発のための統計解析学，共立出版，2006

[2] R.N. Kackar：Taguchi's quality philosophy analysis and commentary. an introduction to and interpretation of Taguchi's ideas, *Quality Progress*, 19-12, 21–29, 1986

[3] D.M. Byrne, S. Taguchi：The Taguchi approach to parameter design, *ASQ's Annu Qual Congr Proc*, 40, 168–177, 1986

[4] 田口玄一：品質工学講座 1　開発・設計段階の品質工学，日本規格協会，1988

[5] 田口玄一：品質工学講座 3　品質評価のための SN 比，日本規格協会，1988

[6] 田口玄一：品質工学講座 4　品質設計のための実験計画法，日本規格協会，1988

[7] 田口玄一：品質工学講座 6　品質工学事例集　欧米編，日本規格協会，1990

[8] 田口玄一：品質工学講座 7　品質工学事例集　計測編，日本規格協会，1990

[9] G. Taguchi：Taguchi on robust technology development, ASME Press, 1993

[10] A.D. Belegundu, S. Zhang: Robust mechanical design through minimum sensitivity, *ASME DE*, 119-2, 233–239, 1989

[11] A.D. Belegundu, S. Zhang: Robustness of design through minimum sensitivity, *Transaction of the ASME Journal of Mechanical Design*, 114-2, 213–217, 1992

[12] S. Sundaresan, K. Ishii, D.R. Houser: A robust optimization procedure with variations on design variables and constrains, *ASME DE*, 65-1, 379–386, 1993

[13] 加藤健郎，氏家良樹，松岡由幸：非正規分布型目標特性に対応するロバスト性評価測度の提案，設計工学, 42, 6, 43–50, 2007

[14] T. Kato, T. Ikeyama, Y. Matsuoka: Basic Study on Classification Scheme for Robust Design Methods, *Proceedings of The 1st International Conference on Design Engineering and Science*, 37–42, 2005

[15] 加藤健郎，中塚慧，松岡由幸：可変域を有する制御因子に対応するロバスト設計法の提案，設計工学, 46, 3, 149–156, 2011

[16] 加藤健郎，渡井惇喜，松岡由幸：複数の可変制御因子に対応するロバスト設計法，設計工学, 46, 6, 346–354, 2011

[17] A. Watai, S. Nakatsuka, T. Kato, Y. Ujiie and Y. Matsuoka: Basic Study on Classification Scheme for Robust Design Methods, *Proceedings of The 1st International Conference on Design Engineering and Science*, 37–42, 2005

[18] K.N. Otto, E.K. Antosson: Extensions to the Taguchi method of product design, *Transaction of the ASME Journal of Mechanical Design*, 115-1, 5–13, 1993

[19] S. Sundaresan, K. Ishii, D.R. Houser: Design Optimization for Robustness Using Performance Simulation Programs, *ASME DE*, 32-1, 249–256, 1991

[20] J.-C. Yu, K. Ishii: A robust optimization method for systems with significant nonlinear effects, *ASME DE*, 65-1, 371–378, 1991

[21] J.-C. Yu, K. Ishii: Design optimization for robustness using quadrature factorial models, *Eng Optim*, 30, 203–225, 1998

[22] J.-C. Yu, K. Ishii: Robust design by matching the design with manufacturing variation patterns, *ASME DE*, 69-2, 7–14, 1994

[23] J.-C. Yu, K. Ishii: Design for robustness based on manufacturing variation patterns, *Transaction of the ASME Journal of Mechanical Design*, 120-2, 196–202, 1998

[24] D.J. Wilde: Monotonicity analysis of Taguchi's robust circuit design problem, *ASME DE*, 23-2, 75–80, 1990

[25] D.J. Wilde: Monotonicity Analysis of Taguchi's Robust Circuit Design Problem, *Transaction of the ASME Journal of Mechanical Design*, 114-4, 616–619, 1992

[26] M. Arakawa, H. Yamakawa: A study on Optimum Design Using Fuzzy Numbers as Design Variables, *ASME DE*, 82, 463–470, 1998

[27] 荒川雅生，山川宏，萩原一郎：ファジィ数を用いたロバスト設計手法の検討，日本機械学会論文集 C，65，632，1601–1608，1999

[28] 荒川雅生，山川宏，石川浩：ファジィ数を用いたロバスト設計手法の検討 第 2 報，日本機械学会論文集 C，67，653，192–200，2001

[29] 荒川雅生，山川宏：変数の相関性を考慮したロバスト設計，日本機械学会第 20 回設計工学・システム部門講演会 CD-ROM 論文集，92–95，2010

[30] J. Zhu, K.-L. Ting: Performance distribution analysis and robust design, *Transaction of the ASME Journal of Mechanical Design*, 123, 11–17, 2001

[31] S. Gunawan, S. Azarm: Non-gradient based parameter sensitivity estimation for single objective robust design optimization, *Transaction of the ASME Journal of Mechanical Design*, 126, 3, 395–402, 2004

[32] B. Ramakrishnan, S.S. Rao: An efficient strategy for the robust optimization of large scale nonlinear design problems, *ASME DE*, 69-2, 25–35, 1994

[33] B. Ramakrishnan, S.S. Rao: A general loss function based optimization procedure for robust design, *Eng. Opt.*, 25, 255–276, 1996

[34] R.J. Eggert: Quantifying design feasibility using probabilistic feasibility analysis, *ASME DE*, 32-1, 235–240, 1991

[35] R.J. Eggert, R.W. Mayne: Probabilistic optimal design using successive surrogate probability density functions, *ASME DE*, 23-1, 129–136, 1990

[36] R.J. Eggert, R.W. Mayne: Probabilistic optimal design using successive surrogate probability density functions, *Transaction of the ASME Journal of Mechanical Design*, 115-3, 385–391, 1993

[37] A. Parkinson, C. Sorensen, N. Pourhassan: A general approach for robust optimal design, *Transaction of the ASME Journal of Mechanical Design*, 115-1, 74–80, 1993

[38] G. Emch, A. Parkinson: Robust optimal design for worst-case tolerances, *Transaction of the ASME Journal of Mechanical Design*, 116-4, 1019–1025, 1994

[39] A. Parkinson: Robust mechanical design using engineering models, *Transaction of the ASME Journal of Mechanical Design*, 117B, 48–54, 1995

第**3**章

実験を用いる ロバストデザイン法

第3章では，人工物自身のばらつきに対応する各種のロバストデザイン法のうち，実験を用いる手法について，身近な設計事例としてブレーキ設計を例に説明する.

3.1　実験を用いるロバストデザイン法の概要

本節では，実験を用いるロバストデザイン法の概要として，同デザイン法の必要性とその手順について述べる.

3.1.1　実験を用いるロバストデザイン法の必要性

実験は，設計において機能や品質を適切に設定することや，コスト低減や生産効率の向上のために多く用いられている．その利点は，目的関数が不明な設計問題にも適用できることにある．たとえば，発生した不具合のメカニズムが明確になっていない問題や，ヒトの感性のようにモデリングすることが難しい問題に適用できる．また，**実験計画法** (design of experiment) に基づいた多くの手法が提案されており，実験の試行（実験データの採取）を効率的に行える利点もある.

実験を用いるロバストデザイン法の主な利点は，以下の2点である.

・実験計画法に基づいて提案された手法が多いため，実験の試行（実験データの採取）を効率的に行える.
・目的関数が未知の設計問題に適用できる.

3.1.2　実験を用いるロバストデザイン法の手順

実験を用いるロバストデザイン法は，図3.1のように，実験データの採取，実験データの解析と**ロバスト最適解** (robust optimum solution) の導出，および確認実験の順に行われる.

実験データの採取
制御因子および誤差因子のばらつきに基づき，
目標特性のデータを採取する．

実験データの解析とロバスト最適解の導出
採取した目標特性のデータを統計的に解析し，
ロバスト最適解(制御因子の最適な組合せ)を導出する．

確認実験
制御因子をロバスト最適解に設定したうえで実験を行い，
予想した効果が得られているか確認する．

図 3.1　実験を用いるロバストデザイン法の手順

　まず，実験データの採取においては，目標特性[†1]に影響を与える各**因子** (factor)[†2]に**水準** (level)[†3]を設け，それらの組合せごとに実験を行い目標特性のデータを得る．ここで，因子は制御因子と誤差因子に分類される．これらは共にばらつきを有する因子であり，その違いは，制御因子の**公称値** (nominal value)[†4]が設計者により設定されるのに対し，誤差因子のそれは設定されない（できない）ことである．なお，制御因子がばらつかないと表現する（制御因子のばらつき誤差因子として別途表現する）文献もあるが，本書では制御因子のばらつきと表現することとする．たとえば，椅子の設計においては，座り心地が目標特性，椅子の寸法などが制御因子，使用者の体格などが誤差因子となり，制御因子と誤差因子は共にばらつくと考える．これらの因子の各水準に対して実験を行うにあたり，図 3.2 のような直交表とよばれるツールを用いる．これにより，最少限の因子の組合せ条件（実験条件）で，因子が目標特性に与える影響を評価することができる．図 3.2 の直交表において，列は因子の番号を，行は実験の番号を，表中の 1 から 3 の数字は因子の水準の番号をそれぞれ表す．ここで，制御因子の公称値の変化（制御因子の水準値）がわりつけられる[†5]直交表は**内側直交表** (inner orthogonal array)，制御因子および誤差因子のばらつきの水準値がわりつ

---

†1　設計において目標となる機能特性のこと．たとえば，構造部材における応力や剛性などがこれにあたる．
†2　目標特性に影響を与える要因のこと．たとえば，自動車開発において，車の加速度という目標特性に対してエンジンの排気量や車体重量などがこれにあたる．
†3　因子が取り得る値のこと．たとえば，自動車開発での実験において，「車体重量として 1000 kg，1200 kg，1400 kg の 3 水準を設定する」のように使われる．
†4　図面上で指示する寸法値のような名目上の値のことであり，設定値ともよばれる．ばらつきが正規分布や一様分布の場合には，その平均値が公称値となる
†5　直交表に因子の水準をわりふることを，「わりつける」と表現する．

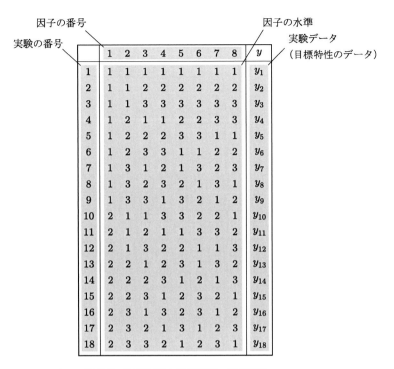

図 3.2　直交表による実験データの採取

けられる直交表は**外側直交表** (outer orthogonal array) とよばれる．つまり，内側・外側両直交表に図 3.2 の直交表を用いた場合，$18 \times 18 = 324$ 回の実験を行うこととなる[†6]．本直交表の詳細については後述する Taguchi の手法 (p. 45 参照) において述べる．

つぎに，採取した目標特性の実験データを解析し，ばらつきが小さく，目標値からも大きく外れない目標特性を得られる制御因子の水準の組合せ（ロバスト最適解）を決定する．たとえば，次式のように，目標特性の実験データと目標値との差の合計や，同データのばらつきを算出する．

$$\sum_{i=1}^{n} \left| y_i - y_\tau \right| \tag{3.1}$$

$$\sum_{i=1}^{n} \left| y_i - \frac{1}{n} \sum_{i=1}^{n} (y_i) \right| \tag{3.2}$$

[†6]　324 という回数は多いように感じるかもしれないが，本直交表にわりつけ可能な因子とそれらの水準の全組合せの実験回数は $(2 \times 3^7)^2 \approx 1.9 \times 10^7$ 回となり，回数が大きく削減されていることがわかる．

ここで，y は目標特性，y_τ は目標特性の目標値，n は実験回数を表す．そして，次式のように，これら二つの目的について，最適な制御因子の組合せ $\boldsymbol{x}_0$ を選出する．

$$\begin{aligned} &\text{find} \quad \boldsymbol{x}_0 \\ &\text{to minimize} \quad \sum_{i=1}^{n}|y_i - y_\tau|, \quad \sum_{i=1}^{n}\left|y_i - \frac{1}{n}\sum_{i=1}^{n}(y_i)\right| \end{aligned} \tag{3.3}$$

ここで，$\boldsymbol{x} = \{x_1, x_2, \ldots, x_n\}^{\mathrm{T}}$ は制御因子のベクトルを表し，$\boldsymbol{x}_0$ はロバスト最適解を表す．

　このように，目標特性の実験データを用いてロバスト最適解を選出する手法は，これまでに数多く提案されている．しかし，これらの手法は，内側直交表を使用しないことや，因子のばらつきの従属性を想定するなど，各手法で有効な設計問題が異なる．このため，設計者は，これらの手法のなかから適切な手法を選択しなければならない．

　実験を用いる手法においては，目標特性のデータは実験により採取しても，目的関数を用いたシミュレーションにより採取してもよい．ただし，目的関数が明確になっている設計問題においては，第 4 章で述べるシミュレーションを用いる手法が効果的であることが多い．これは，目的関数の微分値や形状などの情報を用いて，ロバスト最適解を効率的に導出できるためである．よって，実験を用いる手法は，目的関数が不明確な設計問題への適用が推奨される．

3.2　品質工学[1-9]

　本節では，ロバストデザイン法で用いる基礎的な知識を説明するため，同法の起源とされている品質工学について紹介する．以下に，品質工学の概要と，品質工学におけるロバストデザイン法として最も有名なパラメータ設計について述べる．その後，パラメータ設計においてロバスト性を評価する指標について解説する．ここで，本手法により評価される目標特性の性質は，**静特性** (static characteristic)[†7]と**動特性** (dynamic characteristic)[†8]に分けられるが，本書では，最適化問題において一般的に用いられる静特性を対象とする．

3.2.1　品質工学の概要

　品質問題の多くは，加工寸法や材料特性などのさまざまなばらつきにより発生する．品質工学は，このようなばらつきに対してロバスト（頑強）な機能を効率的に実現す

†7　入力に応じて出力が変化しないと想定される特性．望大特性，望小特性，望目特性の 3 種類が挙げられる．
†8　入力に応じて出力が変化すると想定される特性．たとえばアクセルの踏み込みにより変化する自動車のスピードなど．

るための方法に関する学問であり，Taguchi により確立された[1]．品質工学は，大き
く分けてパラメータ設計，許容差設計，オンライン品質工学，および MT 法という
4 分野で構成されている．本書では，設計段階（とくに，設計パラメータの設定段階）
におけるロバスト性評価に主眼をおくため，同段階で適用されるパラメータ設計につ
いて述べる．

3.2.2　パラメータ設計

　パラメータ設計 (parameter design) とは，機械設計や電気設計などにおいて，材
質，形状，寸法，電圧，および抵抗などの設計パラメータの水準値を，ばらつきに対し
て機能が劣化しにくい（ロバスト性の高い）値に定める設計法である．これ以降，設
計パラメータという語句を制御因子と称するとともに，機能を示す特性を目標特性と
称する．以下に，パラメータ設計の流れを，直交表による実験データの採取，**2 段階
設計** (two steps-optimization) によるロバスト最適解の導出，および確認実験の順に
説明する．

ⅰ) 直交表による実験データの採取

　パラメータ設計では，制御因子を適切な水準に設定することで，制御因子や誤差因
子のばらつきに対する目標特性のばらつきを低減（ロバスト性を向上）させる．しか
し，各因子の目標特性に対する効果は，実験を行うことで初めて確認されるため，適切
な因子のみをあらかじめ選択して実験することは不可能である．よって，実験では多
数の因子を同時に評価することが必要となり，実験回数が膨大になることが多い．そ
こで，パラメータ設計では，少ない実験回数で各因子の効果を評価することが可能な
直交表を用いて実験を計画する．パラメータ設計では，**素数べき型直交表** (power of
prime orthogonal array)[†9]と**混合系直交表** (mixed orthogonal array)[†10]の 2 種類の
うち，主効果のみを評価する（交互作用を評価しない）混合系直交表を用いる．ここ
で，主効果とは，各因子の値の変化により生じる目標特性の変化（効果）であり，交
互作用とは，ある因子における値の変化により，ほかの因子の効果が変化する作用の
ことである．つまり，因子間に交互作用がある場合，目標特性の変化は各因子の単独
の効果（主効果）のみでは判断できないことになる．パラメータ設計においては，「交
互作用を有する（ほかの因子の値により効果が異なる）因子を操作して得られたロバ
スト最適解はロバストでない」という考え方が基本とされているため，因子の交互作

[†9]　行数（実験数）が単一の素数のべき乗となる直交表．因子間の交互作用が特定の列に現れるという性質を
　　有する．

[†10]　行数（実験数）が 2 と 3 のべき乗の積となる直交表．因子間の交互作用がすべての列に均等に分配され
　　るという性質を有する．

用は考慮せず，因子の主効果のみを考慮する．

ⅱ) 2段階設計法によるロバスト最適解の導出

　パラメータ設計では，2段階設計を行う．**2段階設計** (two steps-optimization) とは，図 3.3 のように，第 1 段階で目標特性との関係が非線形となる制御因子を用いて目標特性のばらつきを低減させた後，第 2 段階で目標特性との関係が線形となる制御因子を用いて目標特性の公称値を目標値へ調整する設計である．ここで，第 2 段階は，目標特性が**望目特性** (nominal-the-better characteristic)[†11]である場合のみに実施される．目標特性が**望小特性** (smaller-the-better characteristic)[†12]や**望大特性** (larger-the-better characteristic)[†13]などの設計問題では，第 1 段階で目標特性のばらつきの大きさと目標値との差分を同時に評価できるため，第 2 段階は実施されない．2段階設計においては，第 1 段階で目標特性のばらつきを評価する **SN 比** (signal-to-noise ratio) とよばれる指標を用いた後，第 2 段階で目標特性の平均値の大きさを評価する**感度** (sensitivity) とよばれる指標を用いる．ここで，SN 比とは，その値が大きいほど目標特性のばらつきが小さいことを表す指標である (SN 比の詳細については 3.2.3 項で述べる)．このため，第 1 段階において，水準の変化に対して SN 比が大きく変化する制御因子を，SN 比が大きくなる水準に設定することで，図 3.3 (a) のようにばらつきが低減される．一方，第 2 段階において，水準の変化に対して感度が大きく変化し，かつ，SN 比があまり変化しない制御因子の水準を調整することで，図 3.3 (b) のように（ばらつきがあまり変化せずに）目標特性が目標値に近づく．このような制御因子

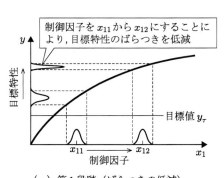
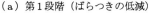
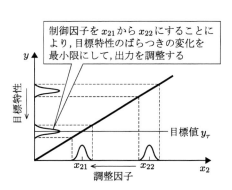

（a）第 1 段階（ばらつきの低減）　　　（b）第 2 段階（目標値への調整）

図 3.3　2 段階設計法の概念

---

†11　目標値に近いほど良いとされる特性．たとえば，寸法，硬度，および濃度など．

†12　非負で小さいほど良いとされる特性．たとえば，騒音や応力など．

†13　非負で大きいほど良いとされる特性．たとえば，強度や剛性など．

は，とくに**調整因子** (tuning factor) とよばれる.

　因子の水準を設定する際には，各因子の水準ごとに SN 比と感度をプロットした要因効果図を用いる. たとえば，7 因子 2 水準の設計問題における要因効果図が図 3.4 のようになった場合，第 1 段階では，すべての因子の水準を，SN 比が大きくなる水準 (A_2，B_2，C_1，D_1，E_1，F_2，G_2) に設定する. ここではとくに，因子 B と因子 E をそれぞれ B_2 と E_1 にすることで SN 比が大きく改善される. 第 2 段階では，SN 比への影響が小さく，感度への影響が大きい因子 A や因子 F の水準を変えることで，(SN 比をあまり変化させずに) 目標特性の平均値を目標値に調整する.

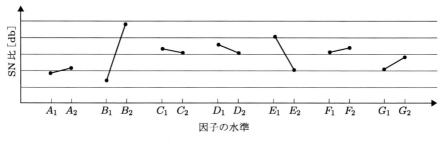

（a）SN 比の要因効果図

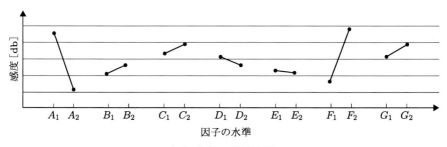

（b）感度の要因効果図

図 3.4　SN 比と感度の要因効果図

iii) 確認実験

　パラメータ設計は，上述したように，制御因子間の交互作用は想定しない. このため，導出した因子の水準に合わせて設計したとしても，因子間の交互作用により，計算上で得られた SN 比や感度の改善効果が得られない場合がある. そこで，パラメータ設計においては，ロバスト最適解を導出した後に確認実験を行う. その結果，再現性が悪い場合は，目標特性と因子間の関係性を見直す必要がある. その場合，目標特

性や因子を変えて，再度パラメータ設計を実施することとなる．

3.2.3 SN比

SN比 (signal-to-noise ratio) は，設計目標となる機能特性における**有効成分** (useful part) S（目標特性の大きさ）と，**有害成分** (harmful part) N（目標特性のばらつきの大きさ）の比を対数表記したものである[†14]．なお，パラメータ設計における，SN比の単位であるデシベルは，通信分野で用いられる「dB」と区別するために，「db」と表記される．

SN比は，目標特性が静特性の場合と動特性の場合で異なるが，本書では，本節冒頭で述べたように，静特性の目標特性に関するSN比のみを説明する．静特性の目標特性は，さらに，望小特性，望大特性，および望目特性に大別できる．ここで，望小特性および望大特性の場合は，SN比が目標特性のばらつきの最小化と公称値の最小（大）化を同時に行うため，第2段階を行う必要はない．一方，望目特性の場合は，感度を用いた第2段階を行う必要がある．以下に各特性におけるSN比の算出方法を示す．なお，望目特性においては，感度の算出方法も示す．

i) 望小特性のSN比

望小特性においては，目標特性のばらつきを抑えて，平均値を小さくすることが望ましいため，SN比は次式のように表される．

$$\eta_{\mathrm{S}} = -10\log\left[\frac{1}{n}\sum_{i=1}^{n} y_i{}^2\right] \tag{3.4}$$

ここで，n は目標特性（実験データ）の数を表す．また，望小特性におけるSN比の**期待値** (expected value) は，次式のように表せる．

$$\begin{aligned}
E(\eta_{\mathrm{S}}) &= -10\log\int_{-\infty}^{\infty} y^2 p(y)\,dy\\
&= -10\log\int_{-\infty}^{\infty} (y-\mu_y+\mu_y)^2 p(y)\,dy\\
&= -10\log\int\left[\int_{-\infty}^{\infty}(y-\mu_y)^2 p(y)\,dy + \mu_y\int_{-\infty}^{\infty} yp(y)\,dy\right]\\
&= -10\log\left[\sigma_y{}^2+\mu_y{}^2\right] \tag{3.5}
\end{aligned}$$

ここで，μ_y と σ_y は目標特性の平均値と標準偏差をそれぞれ表す．式 (3.5) より目標特性の性質が望小特性の場合，SN比を大きくすることにより目標特性の平均値と標

[†14] 対数をとる理由は，すべての制御因子におけるSN比の改善効果を各制御因子の改善効果の加算で表現できるようにするためである．

準偏差が小さくなることがわかる．つまり，望小特性の SN 比は，目標特性およびそのばらつきの大きさを同時に評価できるため，望小特性の設計問題においては感度を用いた第 2 段階を行う必要がない．

ii) 望大特性の SN 比

望大特性においては，目標特性のばらつきを抑えて，平均値を大きくすることが望ましいため，SN 比は次式のように表される．

$$\eta_{\mathrm{L}} = -10\log\left[\frac{1}{n}\sum_{i=1}^{n}\frac{1}{y_i^{\,2}}\right] \tag{3.6}$$

また，望大特性における SN 比の期待値は，次式のように表せる．

$$
\begin{aligned}
E(\eta_{\mathrm{L}}) &= -10\log\int_{-\infty}^{\infty}\frac{1}{y^2}p(y)\,dy = -10\log\int_{-\infty}^{\infty}\frac{1}{(y-\mu_y+\mu_y)^2}p(y)\,dy \\
&= -10\log\frac{1}{\mu_y^{\,2}}\int_{-\infty}^{\infty}\left(1+\frac{y-\mu_y}{\mu_y}\right)^{-2}p(y)\,dy \\
&\approx -10\log\frac{1}{\mu_y^{\,2}}\int_{-\infty}^{\infty}\left[1-\frac{2(y-\mu_y)}{\mu_y}+\frac{3(y-\mu_y)^2}{\mu_y^{\,2}}+\cdots\right]p(y)\,dy \\
&\approx -10\log\left[\frac{1}{\mu_y^{\,2}}\left(1+\frac{3\sigma_y^{\,2}}{\mu_y^{\,2}}\right)\right] \tag{3.7}
\end{aligned}
$$

式 (3.7) より目標特性が望大特性の場合，SN 比を大きくすることにより，目標特性の平均値が大きく，かつ，標準偏差が小さくなることがわかる．つまり，望大特性の SN 比も，目標特性およびそのばらつきの大きさを同時に評価できるため，感度を用いた第 2 段階を行う必要がない．

iii) 望目特性の SN 比

望目特性においては，SN 比を用いて目標特性のばらつきを抑えたうえで，感度を用いて目標特性の平均値を目標値に合わせる．SN 比は次式のように表される．

$$\eta_{\mathrm{N}} = 10\log\left[\frac{S_{\mathrm{m}}-V_{\mathrm{e}}}{nV_{\mathrm{e}}}\right] \tag{3.8}$$

ここで，S_{m} は一般平均の変動（修正項）を表し，V_{e} は誤差分散を表す．これらは次式のように算出できる．

$$S_{\mathrm{m}} = \frac{1}{n}\left(\sum_{i=1}^{n}y_i\right) \tag{3.9}$$

$$V_{\mathrm{e}} = \frac{1}{n-1}\left(\sum_{i=1}^{n}y_i^{\,2}-S_{\mathrm{m}}\right) \tag{3.10}$$

また，一般平均の変動および誤差分散の期待値は，次式のように表せる．

$$E(S_{\mathrm{m}}) = E\left[\frac{1}{n}\left(\sum_{i=1}^{n} y_i\right)^2\right] = n\mu_y{}^2 + \sigma_y{}^2 \tag{3.11}$$

$$\begin{aligned}
E(V_{\mathrm{e}}) &= E\left[\frac{1}{n-1}\left(\sum_{i=1}^{n} y_i{}^2 - S_{\mathrm{m}}\right)\right] \\
&= \frac{1}{n-1}\int_{-\infty}^{\infty} y^2 p(y)\,dy - \frac{1}{n-1}E(S_{\mathrm{m}}) \\
&= \frac{1}{n-1}[n(\sigma_y{}^2 + \mu_y{}^2) - (\sigma_y{}^2 + n\mu_y{}^2)] \\
&= \sigma_y{}^2 \tag{3.12}
\end{aligned}$$

ここで，$p(y)$ は目標特性の確率密度関数を表す．したがって，望目特性における SN 比の期待値は次式のように表せる．

$$E(\eta_{\mathrm{N}}) = 10\log\frac{\mu_y{}^2}{\sigma_y{}^2} \tag{3.13}$$

式 (3.13) から，目標特性が望目特性の場合，SN 比を最大化すると目標特性のばらつきの相対的な大きさは小さくなるものの，目標特性は目標値へ近づかないことがわかる．このため，次式に示す感度を用いて平均値を目標値に近づける．

$$\eta_{\mathrm{Se}} = 10\log\mu_y{}^2 \tag{3.14}$$

3.3 実験を用いるロバストデザイン法の例

本節では，実験を用いるロバストデザイン法として，直交表などを用いてロバスト性を実験的に評価する手法を紹介する．なお，本節で挙げる各手法の記述は，ほかの手法と比較しやすくするため，ほかの書籍や文献とは異なる式で表現している場合があるので注意されたい．

3.3.1 SN 比を用いる手法

(1) SN 比と感度を用いる手法 (Taguchi の手法)
【概要】

本手法は，前節で詳しく述べたパラメータ設計であり，SN 比を用いてロバスト性評価を行う．具体的には，直交表を用いて実験データを採取し，因子のばらつきより生じる目標特性のばらつきを算出する．そして，図 3.3 (p. 41 参照) のように，目標特

性のばらつきを低減する第 1 段階と，目標特性の公称値を目標値へ近づける第 2 段階に分けて，各制御因子の値を設定する[†15].

　本手法では，第 1 段階で SN 比，第 2 段階で感度とよばれるロバスト性の評価指標を用いる．ここで，同指標の算出において，制御因子および誤差因子における水準の出現確率は同等に評価される．以上のことから，本手法の特徴・適用条件は以下のようになる．

・因子のばらつき（水準）の出現確率（確率密度）が一定であると想定する．
・各因子が独立にばらつくことを想定する．
・制御因子の数が多いことを想定する（内側直交表を利用する）[†16].

【解説】
　本手法の手順を以下に示す．

i) 実験データの採取

　混合系直交表に基づいて目標特性の実験データを採取する．ここで，混合系直交表の名前の由来は，行数を素因数分解すると 2 と 3 のべき乗が混合して現れることである．同直交表においては，列にわりつけられた各因子の交互作用がほかの列に現れない特徴がある．パラメータ設計 (p. 40 参照) の説明でも述べたが，本手法は，「交互作用に左右されない強い主効果により，ロバスト性が高められる」という Taguchi の考えに基づくものであるため，交互作用を評価することができる素数べき型直交表ではなく，混合系直交表を用いている．図 3.5 に本手法で用いる直交表の例を示す．同図においては，制御因子の公称値がわりつけられた内側直交表の外側に，因子のばらつきがわりつけられた外側直交表が存在する[†17]．外側直交表には，2 水準系の直交表が適用されることが多い．図 3.5 において，内側直交表の実験番号 i と外側直交表の実験番号 j における目標特性の実験データを，$y_{i\text{-}j}$ と表記している．つまり，$y_{2\text{-}1}$ は，内側直交表において 1 番目と 2 番目の制御因子を水準 1 に，3〜8 番目の制御因子を水準 2 にそれぞれ設定し，外側直交表においてすべてのばらつく因子を水準 1 に設定した場合の実験データである．

[†15] 目標特性が望小特性または望大特性の場合，第 1 段階で目標特性のばらつき低減と目標値への移動を同時に行うことができるため，2 段階に分けられない．

[†16] 目標特性が望目特性である場合，複数の制御因子のなかから調整因子を選定するため，制御因子の個数がある程度多いことを想定する．

[†17] Taguchi の手法においては，誤差因子がわりつけられるとされているが，4 章で述べるシミュレーションを用いる手法の文献では，制御因子と誤差因子のばらつきを分けて記述することが多い．このため，本書ではそれらを分けて表記することとし，両者を合わせてばらつく因子と表記している．

図 3.5　内側外側直交表による実験計画

外側直交表

	実験番号			
	1	2	3	4
1	1	1	2	2
2	1	2	1	2
3	1	2	2	1

（因子のばらつき）

内側直交表

実験番号	制御因子 1	2	3	4	5	6	7	8	y_1	y_2	y_3	y_4	SN比[db]
1	1	1	1	1	1	1	1	1	y_{1-1}	y_{1-2}	y_{1-3}	y_{1-4}	η_1
2	1	1	2	2	2	2	2	2	y_{2-1}	y_{2-2}	y_{2-3}	y_{2-4}	η_2
3	1	1	3	3	3	3	3	3	y_{3-1}	y_{3-2}	y_{3-3}	y_{3-4}	η_3
4	1	2	1	1	2	2	3	3	y_{4-1}	y_{4-2}	y_{4-3}	y_{4-4}	η_4
5	1	2	2	2	3	3	1	1	y_{5-1}	y_{5-2}	y_{5-3}	y_{5-4}	η_5
6	1	2	3	3	1	1	2	2	y_{6-1}	y_{6-2}	y_{6-3}	y_{6-4}	η_6
7	1	3	1	2	1	3	2	3	y_{7-1}	y_{7-2}	y_{7-3}	y_{7-4}	η_7
8	1	3	2	3	2	1	3	1	y_{8-1}	y_{8-2}	y_{8-3}	y_{8-4}	η_8
9	1	3	3	1	3	2	1	2	y_{9-1}	y_{9-2}	y_{9-3}	y_{9-4}	η_9
10	2	1	1	3	3	2	2	1	y_{10-1}	y_{10-2}	y_{10-3}	y_{10-4}	η_{10}
11	2	1	2	1	1	3	3	2	y_{11-1}	y_{11-2}	y_{11-3}	y_{11-4}	η_{11}
12	2	1	3	2	2	1	1	3	y_{12-1}	y_{12-2}	y_{12-3}	y_{12-4}	η_{12}
13	2	2	1	2	3	1	3	2	y_{13-1}	y_{13-2}	y_{13-3}	y_{13-4}	η_{13}
14	2	2	2	3	1	2	1	3	y_{14-1}	y_{14-2}	y_{14-3}	y_{14-4}	η_{14}
15	2	2	3	1	2	3	2	1	y_{15-1}	y_{15-2}	y_{15-3}	y_{15-4}	η_{15}
16	2	3	1	3	2	3	1	2	y_{16-1}	y_{16-2}	y_{16-3}	y_{16-4}	η_{16}
17	2	3	2	1	3	1	2	3	y_{17-1}	y_{17-2}	y_{17-3}	y_{17-4}	η_{17}
18	2	3	3	2	1	2	3	1	y_{18-1}	y_{18-2}	y_{18-3}	y_{18-4}	η_{18}

ⅱ) 実験データの解析とロバスト最適解の導出

　まず，(ⅰ) で得られた実験データから，内側直交表の各実験番号（各制御因子の水準組合せ）における SN 比 η を算出し，それらを用いてロバスト最適解を決定する．たとえば，内側直交表の実験番号 2 における SN 比 η_2 を，$y_{2-1} \sim y_{2-4}$ の実験データを用いて算出する．SN 比の算出方法は，目標特性の性質が望小特性，望大特性，および望目特性の三つの場合において，以下のように異なる．

□ 望小特性の SN 比

$$\text{maximize} \quad \eta_{\mathrm{S}} = -10\log\left[\frac{1}{n}\sum_{i=1}^{n} y_i{}^2\right] \tag{3.15}$$

　ここで，n は外側直交表の実験数を表す．望小特性の SN 比は，パラメータ設計の説明部分で述べたように，目標特性のばらつきと目標値への近さを同時に評価する指標である．このため，2 段階設計を行う必要はない．なお，望小特性の目標値は 0 であり，$-\infty$ ではないので注意されたい．

□ 望大特性の SN 比

$$\text{maximize} \quad \eta_{\mathrm{L}} = -10 \log \left[\frac{1}{n} \sum_{i=1}^{n} \frac{1}{y_i{}^2} \right] \tag{3.16}$$

ここで，望大特性の SN 比も，望小特性の SN 比と同様に，目標特性のばらつきと目標値への近さを同時に評価する指標である．このため，2段階設計を行う必要はない．

□ 望目特性の SN 比

$$\text{maximize} \quad \eta_{\mathrm{N}} = 10 \log \left[\frac{S_{\mathrm{m}} - V_{\mathrm{e}}}{n V_{\mathrm{e}}} \right]$$

$$\left(S_{\mathrm{m}} = \frac{1}{n} \left(\sum_{i=1}^{n} y_i \right)^2, \quad V_{\mathrm{e}} = \frac{1}{n-1} \left(\sum_{i=1}^{n} y_i{}^2 - S_{\mathrm{m}} \right) \right) \tag{3.17}$$

望目特性の SN 比は，目標特性のばらつきのみを評価する指標である．このため，望目特性の SN 比は，望小・望大特性の SN 比と異なり，単体で目標値への近さを評価することができない．よって，次式のような感度 η_{Se} とよばれる指標を別途算出し，2段階設計（目標値への調整）を行う必要がある．

$$\eta_{\mathrm{Se}} = 10 \log \mu_y{}^2 \tag{3.18}$$

つぎに，上述した SN 比と感度を用いて，制御因子の最適な水準値の組合せ（ロバスト最適解）を決定する．まず，各因子における SN 比と感度の水準別平均を求める．たとえば，1個目の制御因子の第2水準における SN 比の水準別平均は，$(\eta_1 + \eta_2 + \cdots + \eta_9)/9$ となる．算出された各因子の水準別平均は，図3.6 のような要因効果図にまとめられ，ロバスト最適解の選定に用いられる．同図において，i 個目の制御因子における第 j 水準の値を x_{i-j} と表記している．第1段階では，図3.6 (a) において，すべての因子の水準を，SN 比の大きい水準 $(x_{1\text{-}2},\ x_{2\text{-}3},\ x_{3\text{-}2},\ x_{4\text{-}1},\ x_{5\text{-}3},\ x_{6\text{-}3},\ x_{7\text{-}3},\ x_{8\text{-}1})$ に設定する．ここではとくに，因子 x_2 と因子 x_6 をそれぞれ $x_{2\text{-}3}$ と $x_{6\text{-}3}$ にすることで SN 比が大きく改善される．第2段階では，図3.6 (b) において，SN 比への影響が小さく，感度への影響が大きい因子 x_1 や因子 x_5 の水準を変えることで，SN 比を大きく変化させないまま，目標特性の公称値（平均値）を目標値に調整する．

iii) 確認実験

本手法においては，ロバスト最適解の導出後，確認実験を実施する．これは，本手法で想定していない因子間の交互作用により，SN 比や感度の改善効果が得られないことがあるためである．一般に，計算した改善効果 (SN 比や感度の差) と確認実験での

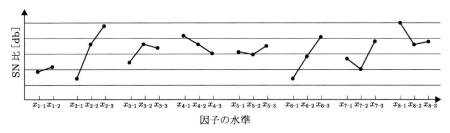

（a）SN比の要因効果図

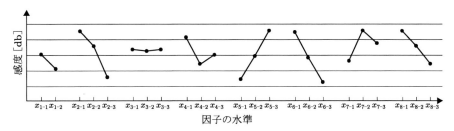

（b）感度の要因効果図

図 3.6 SN 比と感度の要因効果図

改善効果の差が 3 db 以内であれば再現性があるとされている．再現性が悪い場合は，評価する目標特性や取り上げる因子を変えて，本手法を再度実施することになる．

(2) SN 比と因子の各水準の出現確率を用いる手法 (Otto らの手法)[10]

【概要】

本手法は，SN 比と感度を用いる Taguchi の手法 (p. 45 参照) を応用し，外側直交表にわりつけられた因子のばらつき（水準）の出現確率を評価できるようにした手法である．具体的には，Taguchi の手法において均一とされていた因子の水準間の出現確率を用いて SN 比を算出し，ロバスト性評価を行う．このため，本手法の特徴・適用条件は以下のようになる．

・因子のばらつき（水準）の出現確率（確率密度）の違いを想定する．
・各因子が独立にばらつくことを想定する．
・制御因子の数が多いことを想定する（内側直交表を利用する）．

【解説】

本手法の手順を以下に示す．

i) 実験データの採取

実験データの取得においては，Taguchi の手法 (p. 45 参照) と同様に直交表を用いる．Taguchi の手法と異なる部分は外側直交表の水準数および水準値の設定手順であり，因子のばらつきの出現確率を用いて以下のように行われる．

本手法では，ばらつきを有する因子を 2 種類に分類する．一つは，目標特性に対して最も厳しい（目標特性が最も悪化する）水準が明白な因子であり，評価の際にその水準（最悪条件）を想定して設計すべき因子である[†18]．同因子の水準は直交表にわりつけられるまでもなく最悪条件に設定される．一方，残りの因子とばらつきを有する制御因子は，以下の二つのパターンで外側直交表にわりつけられる．

□ 因子のばらつきが正規分布の場合

図 3.7 (a) のように，その平均値 μ と，平均値に標準偏差 σ を加減した計 3 個の値 ($\mu,\ \mu+\sqrt{1.5}\sigma,\ \mu-\sqrt{1.5}\sigma$) を水準値に設定する．この場合，各水準の発生確率 w_i ($i=1,2,3$) は等しく 1/3 となる．この考え方は Taguchi の手法と同様であり，同法においても，このように水準が設定されることが多い[6]．ただし，非線形な目的関数において上述した水準と重みの設定が不適切であるとも指摘されており，図 3.7 (b) のような水準と重みの設定も提案されている．この詳細は，Yu らの手法 (1) (p. 54 参照) において述べる．

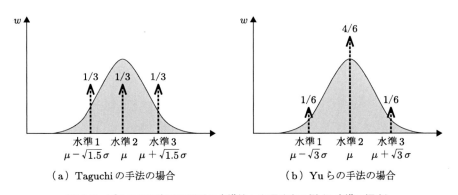

（a）Taguchi の手法の場合　　　　（b）Yu らの手法の場合

図 3.7　ばらつきを有する因子の水準値と出現確率の例 (3 水準の場合)

[†18]　たとえば，モータの設計（目標特性は騒音）において，実験を行う速度は最大速度にすべきである（一般的には，速度が大きいほど騒音は大きくなるため）．

□ **誤差因子のばらつきが正規分布以外の場合，または正規分布でも水準数を3個に設定しない場合**

設計者が各水準値とその発生確率 w_i を設定する．

ⅱ) 実験データの解析とロバスト最適解の導出

(ⅰ) で得られた実験データから SN 比を算出し，ロバスト最適解を決定する．ここで，SN 比の算出方法は，目標特性の性質が望小特性，望大特性，および望目特性の三つの場合において，以下のように異なる．

□ **望小特性の SN 比**

$$\text{maximize} \quad \eta_{\text{S}} = -10 \log \sum_{i=1}^{n} w_i {y_i}^2 \tag{3.19}$$

ここで，n は外側直交表の実験数を表す．また，w はばらつきを有する因子における水準の組合せの出現確率を表す．たとえば，正規分布のばらつきを有する因子の出現確率が図 3.7 (b) であるとすると，ばらつきが正規分布となる二つの因子がそれぞれ水準 1 と水準 2 である場合の目標特性の出現確率 w は，$1/6 \times 4/6 = 1/9$ となる．

□ **望大特性の SN 比**

$$\text{maximize} \quad \eta_{\text{L}} = -10 \log \sum_{i=1}^{n} \frac{1}{w_i {y_i}^2} \tag{3.20}$$

□ **望目特性の SN 比**

$$\text{maximize} \quad \eta_{\text{N}} = 10 \log \sum_{i=1}^{n} w_i (y_i - y_\tau)^2 \tag{3.21}$$

なお，本手法の文献[10] においては，望目特性の SN 比のみが記載されている．このため，望小特性および望大特性の SN 比は，Taguchi の手法 (p. 45 参照) に基づき筆者らが定式化したものである．

ⅲ) 確認実験

本手法の文献において，確認実験の方法は提示されていない．ただし，内側直交表を用いた場合には，Taguchi の手法で述べた内容を同様の理由から，確認実験を実施することが望ましい．

3.3.2 目標特性の平均値とばらつきを用いる手法

(1) 因子のばらつきの最大・最小値を用いる手法 (Sundaresan らの手法)[11]
【概要】

　本手法は，目標値への近さを表す目標特性の平均値と目標値の差，ばらつきの大きさを表す感度指標を用いた 2 目的の最適化を行う手法である．本手法は Taguchi の手法 (p. 45 参照) に類似しているが，内側直交表を用いないという点で異なる．本手法において，目標特性は因子のばらつきの最大値および最小値の組合せを用いて算出される．なお，各因子の水準間の出現確率は等しく設定される．以上のことから，本手法の特徴・適用条件は以下のようになる．

・因子のばらつき（水準）の出現確率（確率密度）が一定であると想定する．
・各因子が独立にばらつくことを想定する．
・内側直交表を利用しない．

【解説】
　本手法の手順を以下に示す．
i) 実験データの採取

　本手法では，Taguchi の手法と同様に，直交表を用いて実験データを取得する．Taguchi の手法と異なる部分は，外側直交表の設定方法とロバスト最適解の導出方法である．まず，本手法における外側直交表としては 2 水準系の直交表が用いられ，各因子のばらつきの最小値と最大値がわりつけられる．たとえば，ばらつきを有する因子の数が 3 個までの場合は，図 3.8 のように L4 直交表を用い，4 個以上 8 個以下の場合は L8 直交表を用いる．一方，本手法におけるロバスト最適解の導出方法は，内側直交表に限定されていない．本手法の文献[11] においては，ヒューリスティック手法により制御因子の水準の組合せを次々と更新しながら，ロバスト最適解を探索する[19]．

ii) 実験データの解析とロバスト最適解の導出

　（i）で得られた実験データから，ばらつきを評価するための**感度指標** (sensitivity index) S_{I}[20]を次式のように算出する．

$$S_{\mathrm{I}} = \left(\frac{1}{n} \sum_{i=1}^{n} (y_i - \mu_y)^k \right)^{\frac{1}{k}} \tag{3.22}$$

---

[19] 本手法は，シミュレーションを用いる手法に分類されてもよいと考えられるが，直交表を用いてデータ採取の効率化を図っているため，実験を用いる手法に記載した．本手法を実験で用いる場合には，ある程度，設計解（制御因子の水準の最適な組合せ）の候補が定まっている必要があると考えられる．

[20] Taguchi の手法 (p. 45 参照) における感度とは異なるので注意されたい．

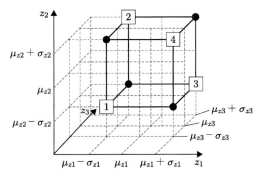

図 3.8 因子のばらつきにおける最大・最小値の組合せ（ばらつきを有する因子が 3 個の誤差因子である場合）

ここで，n は外側直交表の実験数を表す．また，k は設計者が決定する定数であり，通常は 2 に設定される[21]．たとえば，ばらつきを有する因子が三つの誤差因子 z_1，z_2，z_3 である場合，L4 直交表を用いることにより，ばらつきを有する因子の最大・最小値の組合せは，4 通りとなる（図 3.8）．ここで，μ_{z1}，μ_{z2}，μ_{z3} と σ_{z1}，σ_{z2}，σ_{z3} は各因子の平均値と標準偏差をそれぞれ表す．その場合，S_I は次式のようになる．

$$S_\mathrm{I} = \sqrt{\frac{1}{4}\sum_{i=1}^{4}(y_i - \mu_y)^2} \tag{3.23}$$

算出した S_I と目標特性の平均値の線形和を用いてロバスト性評価を行う．ここで，ロバスト性評価は，目標特性の性質が望小特性，望大特性，および望目特性の三つの場合において，以下のように異なる．

□ 望小特性の場合

$$\text{minimize} \quad \alpha\mu_y + (1-\alpha)S_\mathrm{I} \tag{3.24}$$

ここで，α は目標特性の平均値と S_I 間の重みを表し，その値は設計者により設定される．

□ 望大特性の場合

$$\text{minimize} \quad \alpha\frac{1}{\mu_y} + (1-\alpha)S_\mathrm{I} \tag{3.25}$$

---

[21] k を 2 より大きくしていくことにより，ばらつきに対する評価を厳しくすることができる（とくに，ばらつきが大きいほど，大きい値をとりやすくなる）．

□ 望目特性の場合

$$\text{minimize} \quad \alpha|\mu_y - y_\tau| + (1-\alpha)S_{\text{I}} \tag{3.26}$$

ここで，y_τ は目標値を表す．なお，本手法の文献においては，望小特性の場合のみ が記載されている．このため，望大特性および望目特性については，Taguchi の手 法 (p. 45 参照) および Otto らの手法 (p. 49 参照) に基づき，筆者らが定式化した． ただし，望大特性の式 (式 (3.25)) の使用はあまり推奨できない．その理由は，同式 の第 1 項と第 2 項の単位が異なることによる影響について，重み α で調整しなけれ ばならないためである[†22]．

iii) 確認実験

本手法の文献において，確認実験の方法は提示されていない．ただし，内側直交表 を用いた場合には，Taguchi の手法で述べた内容と同様の理由から，確認実験を実施 することが望ましい．

(2) 因子の各水準の出現確率を用いる手法 (Yu らの手法 (1))[12, 13]
【概要】
本手法は，Sundaresan らの手法 (p. 52 参照) を，因子のばらつき（水準）の出現確率 を評価できるように拡張した手法である．さらに，後述する**ガウスの求積法** (Gaussian quadrature) を用いて，目標特性と因子の非線形関係を適切に評価できるようになっ ている．そのため，本手法の特徴・適用条件は以下のようになる．

・因子のばらつき（水準）の出現確率（確率密度）の違いを想定する．
・各因子が独立にばらつくことを想定する．
・目標特性と因子の関係が非線形であることを想定する．

【解説】
本手法の手順を以下に示す．
i) 実験データの採取
本手法では，Sundaresan らの手法と同様に実験データを取得する．同手法と異な る点は外側直交表の設定方法である．具体的には，因子間のばらつきの出現確率を想 定することで，目標特性と因子の非線形関係を評価する．

[†22] 式 (3.24) や式 (3.26) では，第 1 項と第 2 項の単位が一致するため，平均値 μ_y とばらつき S_{I} の重要 性のみに基づいて重みを設定できる．しかし，式 (3.25) はそうでないため，単位の違いも考慮した重み を設定しなければならない．

ii) 実験データの解析とロバスト最適解の導出

(i) で得られた実験データから，目標特性の平均値と S_I (Sundaresan らの手法で用いたロバスト性の評価指標) を次式のように算出する．

$$\mu_y = \sum_{i=1}^{m^n} w_i y_i \tag{3.27}$$

$$S_\mathrm{I} = \sqrt{\sum_{i=1}^{m^n} w_i (y_i - \mu_y)^2} \tag{3.28}$$

ここで，n はばらつきを有する因子の数，m は同因子の水準数，w は同因子における水準の組合せの出現確率を表す．ここで，w の値は因子のばらつきが**一様分布** (uniform distribution)[†23]と正規分布の場合で，図 3.9 のように使い分ける．なお，同図の水準値とその出現確率はガウスの求積法に基づいて設定されている．**ガウスの求積法** (Gaussian quadrature) とは，多項式により近似可能な目的関数の定積分の値（ロバスト設計においては，ばらつきの確率密度関数の定積分，つまり確率）を，積分区間内の目標特性の値における重み付き総和を用いて近似的に算出する数値解析法である．すなわち，ガウスの求積法を用いることにより，ばらつきの確率密度を考慮した効率的な水準値とその重み（出現確率）を設定することができる．ガウスの求積法を利用した水準設定の詳細については文献[14]を参照されたい．

Taguchi の手法 (p. 45 参照) が推奨する図 3.10 のような出現確率と水準は，目標特性と因子の関係が線形であることを前提としている[6]．本手法が推奨する図 3.9 のような水準値と出現確率を用いることにより，目的関数の非線形性を考慮したロバスト性評価が可能となる．なお，図 3.11 のような 2 水準の設定方法も考えられるが，非線形性を考慮するためには水準数が 3 個以上必要であるため推奨されない[†24]．たとえば，ばらつきを有する因子の出現確率が図 3.9 の場合，正規分布を有する因子 A の水準 1 と一様分布を有する因子 B の水準 2 の組合せにおける目標特性の出現確率 w は $1/6 \times 4/6 = 1/9$ となる（出現確率は，合計が 1 になるように調整する必要がある[†25]）．

S_I と目標特性の平均値の線形和を用いて，ロバスト性評価を行う．ここで，ロバス

[†23] それぞれの事象が起こる確率がすべて等しい（一様な）確率分布．

[†24] 本手法の文献[12, 13]における手順では，Sundaresan らの手法と同様に 2 水準系の直交表を用いて因子の最大・最小値の組合せに関する実験と，公称値の組合せに関する実験を行う．これにより，実験値から非線形の回帰式を得て残りの実験値を推定する．本書では簡略化のため，3 水準系の直交表により実験値を取得することとし，回帰式の説明については省略する．なお，回帰式導出のための最大値・最小値の水準は，2 水準の設定方法 (図 3.11) ではなく 3 水準の設定方法 (図 3.9) を用いる．

[†25] 本手法において設定されている重みは，回帰式を用いてすべての水準組合せにおける目標特性を算出することを想定している．本書では回帰式の説明を省略し，直交表に基づいて実験することを想定するため，出現確率の合計が 1 になるように調整する必要がある．

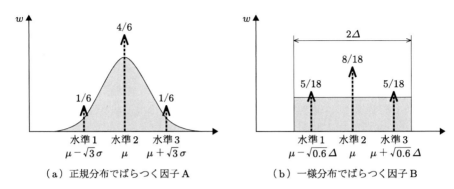

図 3.9 ガウスの求積法に基づく因子の水準値と出現確率 (3 水準の場合)

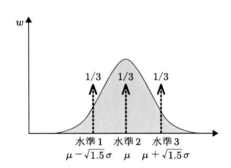

図 3.10 Taguchi の手法における因子の水準値と出現確率 (3 水準の場合)

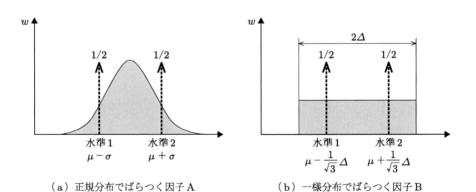

図 3.11 ガウスの求積法に基づく因子の水準値と出現確率 (2 水準の場合)

ト性評価は，望小特性，望大特性，および望目特性の三つの場合において，以下のように異なる．

□ 望小特性の場合

$$\text{minimize} \quad \alpha\mu_y + (1-\alpha)S_{\text{I}} \tag{3.29}$$

ここで，α は目標特性の平均値と S_{I} 間の重みを表し，設計者が決定する．

□ 望大特性の場合

$$\text{minimize} \quad \alpha\frac{1}{\mu_y} + (1-\alpha)S_{\text{I}} \tag{3.30}$$

□ 望目特性の場合

$$\text{minimize} \quad \alpha|\mu_y - y_\tau| + (1-\alpha)S_{\text{I}} \tag{3.31}$$

ここで，y_τ は目標値を表す．なお，望大特性および望目特性については，文献に記載されていないため，Sundaresan らの手法 (p. 52 参照) と同様に，筆者らが定式化した[26]．

iii) 確認実験

本手法の文献[12, 13] において，確認実験の方法は提示されていない．ただし，内側直交表を用いた場合には，Taguchi の手法で述べた内容を同様の理由から，確認実験を実施することが望ましい．

(3) 因子間の従属関係を想定した因子の各水準の出現確率を用いる手法 (Yu らの手法 (2))[15, 16]

【概要】

本手法は，Yu らの手法 (1) (p. 54 参照) を因子のばらつきの従属性を評価できるように拡張した手法であり，因子間の従属関係に基づいて水準の組合せを設定することができる．そのため，本手法の特徴・適用条件は以下のようになる．

・因子のばらつき（水準）の出現確率（確率密度）の違いを想定する．
・各因子が従属にばらつくことを想定する．
・目標特性と因子の関係が非線形であることを想定する．

---

[26] 望大特性の式の使用は，Sundaresan らの手法の説明で述べたように，あまり推奨されない．

【解説】

　本手法の手順を以下に示す．ここで，本手法の手順は，因子の水準値の設定方法のみ Yu の手法 (1) と異なる．このため，ここでは因子の水準値の設定についてのみ説明する．それ以外の手順は同手法の手順を参照されたい．

i) 実験データの採取

　各因子が正規分布のばらつきを有し，かつ，因子間に従属関係がない場合，因子のばらつきは図 3.12 (a) のような楕円体となる．このようなばらつきは，これまでの手法で述べたように水準の組合せを設定すればよい．一方，従属関係（正の相関関係）がある場合，図 3.12 (b) のようにばらつきの範囲は傾いた楕円体となるため，これまでの手法と同様に設定された水準を用いた場合，ばらつきの範囲を逸脱した（実際に起こり得ない）水準の組合せも設定されてしまう．

　この問題を解決するため，本手法では，各因子の**分散共分散行列** (variance covariance matrix) から算出した**固有値** (eigen value) と**固有ベクトル** (eigen vector) を用いて，水準の組合せを設定する．ここで，分散共分散行列とは，各因子の分散と各因子間の共分散の値により構成される行列[27]である．各因子のばらつきが独立である場合には，対角成分以外（共分散）は 0 となる．本手法では，ばらつきを有する因子の分散共分散行列を求め，固有値と固有ベクトルを算出する．算出された固有ベクトルは，ばらつきの広がる方向 (図 3.12 (b) でいえば楕円の長軸と短軸) を表し，固有値はその固有ベクトル方向の分散の大きさを表すこととなる．

　以上のことから，たとえば，Yu の手法 (1) で述べた正規分布のばらつき (標準偏差の $\sqrt{3}$ 倍分のばらつき) を想定した場合，本手法で扱う水準値は，平均値と，平均値から固有ベクトル方向に固有値の平方根の $\sqrt{3}$ 倍分だけ移動した値の組合せとなる．たとえば，ばらつきを有する因子が x_1 と x_2 の 2 個であるとすると，本手法で扱う水準値は図 3.13 のようになる[28]．このように固有ベクトルの座標系で設定した水準値 $\boldsymbol{p} = (p'_1, p'_2, \ldots, p'_n)^{\mathrm{T}}$ を，各因子の座標系における水準値 $\boldsymbol{p} = (p_1, p_2, \ldots, p_n)^{\mathrm{T}}$ へ変換するためには，次式を用いる．

$$\boldsymbol{p} = \boldsymbol{\mu} \pm [\boldsymbol{a}_1, \boldsymbol{a}_2, \ldots, \boldsymbol{a}_n]\boldsymbol{p}' \quad (p_i \in \{0, \pm\sqrt{3\lambda_i}\}) \tag{3.32}$$

ここで，n は因子の数であり，$\boldsymbol{\mu} = (\mu_1, \mu_2, \ldots, \mu_n)^{\mathrm{T}}$ は各因子の平均値のベクトルを表す．また，$\lambda_1, \lambda_2, \ldots, \lambda_n$ は分散共分散行列の固有値を表し，$\boldsymbol{a}_1, \boldsymbol{a}_2, \ldots, \boldsymbol{a}_n$ は各固有値に対する固有ベクトルを表す．なお，括弧内の条件式は，Yu の手法 (1) に基づい

---

[27]　分散共分散行列の対角成分には分散が，それ以外の成分には共分散が配置される．
[28]　図 3.13 は，固有ベクトル $\boldsymbol{a}_1$ 方向の 3 水準と $\boldsymbol{a}_1$ 方向の 3 水準の全組合せを水準値とした場合の例である．直交表を用いる場合などは，全組合せを算出する必要はない．

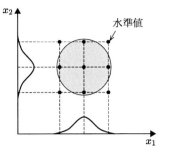
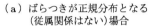
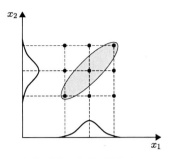

（a）ばらつきが正規分布となる　　　（b）ばらつきが正規分布かつ
　　（従属関係はない）場合　　　　　　　従属関係を有する場合

図 3.12　因子の従属関係にともなうばらつきの変化

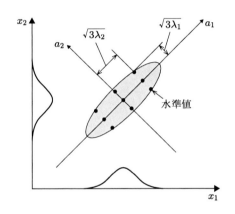

図 3.13　従属関係を有する因子の水準値の設定例

て，平均値と平均値から標準偏差の $\sqrt{3}$ 倍分離れた位置に水準値があることを示している.

　因子のばらつきが一様分布となる場合は，Yu の手法 (1) に基づいて式 (3.32) の条件式を変形させればよい. また，上述した因子の水準値の設定以外に関しては，Yu の手法 (1) と同様であるため，同手法を参照されたい.

ii) 実験データの解析とロバスト最適解の導出

　Yu の手法 (1) と同様であるため，同法を参照されたい.

iii) 確認実験

　Yu の手法 (1) と同様であるため，同法を参照されたい.

3.4　設計事例

本節では，実験を用いるロバストデザイン法を用いた設計事例について述べる．

(1) 設計対象

本設計事例では，第 2 章で述べたディスクブレーキ (図 2.1，p. 15) を設計対象とする．なお，本書では簡略化のため，ディスクブレーキの評価特性を摩擦力に絞っているが，実際のブレーキの設計においては，ブレーキ開閉時間，騒音，およびアーマチュアストロークなどさまざまな特性を考慮する必要があるので注意されたい．

ディスクブレーキは，安定した摩擦力（製動力）を確保する必要があるものの，それを正確に制御する方法は確立されていない．正確に述べると，摩擦材の動作部への押付け力と，それら材料間の摩擦係数により算出できる摩擦力は，後者の摩擦係数の値が周囲環境により大きくばらつくため予測できない．このため，ブレーキ開発における摩擦材の評価・選定のためには，表面粗さなどの材料特性や温度などの周囲条件を想定した実験が行われる．以上のことから，本設計事例では，実験を用いるロバストデザイン法を適用した．

(2) 適用手法

実験を用いるロバストデザイン法を選定するにあたり，本設計事例における目標特性と因子を以下のように明確化した．

・目標特性：摩擦係数
・制御因子：摩擦材種類 (摩擦材 A，摩擦材 B，摩擦材 C，摩擦材 D)
・誤差因子：温度，湿度，ディスクロータ回転速度

本設計事例における誤差因子の温度と湿度には従属関係が想定されるため，本適用事例では，実験を用いるロバストデザイン法の選択フローチャート (p. 26 参照) により，Yu らの手法 (2) (p. 57 参照) を選定した (図 3.14)．

(3) 適用手順
ⅰ) 実験データの採取
実験条件（実験に用いる因子の水準値の組合せ）を以下のように定めた．

　本設計事例では，(2) で述べたように目標特性と因子間の非線形関係を想定するため，3 水準系の直交表である L9 直交表を外側直交表として用いることとした (表 3.1)[†29]．また，同直交表にわりつけられる温度と湿度には従属関係があるため，同関係を想定した水準を以下のように設定した．

　まず，図 3.15 に示した温度と湿度の過去のデータから，算出される温度と湿度の分

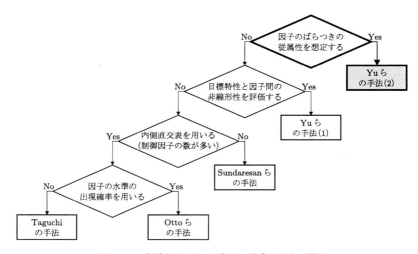

図 3.14　実験を用いるロバストデザイン法の選択

表 3.1　直交表への因子のわりつけ

		因子		
		温度	湿度	回転速度
実験番号	1	水準 1	水準 1	水準 1
	2	水準 1	水準 2	水準 2
	3	水準 1	水準 3	水準 3
	4	水準 2	水準 1	水準 2
	5	水準 2	水準 2	水準 3
	6	水準 2	水準 3	水準 1
	7	水準 3	水準 1	水準 3
	8	水準 3	水準 2	水準 1
	9	水準 3	水準 3	水準 2

---

†29　本設計事例においては，直交表にわりつける因子間の交互作用が小さいことを想定し，素数べき型直交表を使用している．

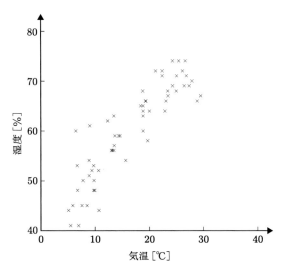

図 3.15　過去 5 年間における気温と湿度の月別平均データ

散共分散行列 M を次式のように算出した.

$$M = \begin{bmatrix} s_{\text{tem}} & s_{\text{tem-hum}} \\ s_{\text{tem-hum}} & s_{\text{hum}} \end{bmatrix} = \begin{bmatrix} 54.39 & 60.98 \\ 60.98 & 89.24 \end{bmatrix} \tag{3.33}$$

ここで, s_{tem} と s_{hum} は温度と湿度の分散, $s_{\text{tem-hum}}$ は温度と湿度の共分散を表す. 分散共分散行列 M の固有値 λ_1, λ_2 と各固有値に対応する固有ベクトル $\boldsymbol{a}_1$, $\boldsymbol{a}_2$ は次式のように算出される.

$$\lambda_1 = 135.2, \quad \lambda_2 = 8.4, \quad \boldsymbol{a}_1 = (0.60, 0.80)^{\text{T}}, \quad \boldsymbol{a}_2 = (0.08, -0.60)^{\text{T}} \tag{3.34}$$

算出された固有値と固有ベクトルを用いて実験水準を設定する. 具体的には, 表 3.1 の直交表に基づき温度・湿度データの平均値 μ_1 と μ_2 から固有ベクトル $\boldsymbol{a}_1$ と $\boldsymbol{a}_2$ の方向に, それぞれ $\pm\sqrt{3\lambda_1}$ と $\pm\sqrt{3\lambda_2}$ だけ移動した実験水準の組合せを設定した (図 3.16). 設定した温度と湿度の実験水準を含めた実験条件を表 3.2 に示す. 同表より, 本設計事例では各摩擦材に対して 9 回の実験が必要となることがわかる. なお, 表中の各実験条件における重み w は, ばらつきを有する各因子の水準間の重み (水準 1, 水準 2, 水準 3 に対して 1/6, 4/6, 1/6) の積としている. たとえば, 実験番号 1 の重み w_1 は, $1/6 \times 1/6 \times 1/6 = 0.016$ のように設定している.

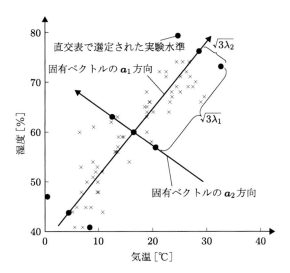

図 3.16 分散共分散行列の固有値・固有ベクトルを用いた実験水準の設定

表 3.2 実験条件

実験番号										
1	**2**	**3**	**4**	**5**	**6**	**7**	**8**	**9**		
8.5	4.5	0.5	20.7	16.7	12.7	32.8	28.8	24.8	温度 [℃]	因子
40.9	43.9	46.9	57.0	60.0	63.0	73.0	76.1	79.1	湿度 [%]	
100	150	200	150	200	100	200	100	150	回転運動 [rpm]	

制御因子	w_1	w_2	w_3	w_4	w_5	w_6	w_7	w_8	w_9	重み
	0.016	0.254	0.016	0.254	0.254	0.063	0.016	0.063	0.063	
摩擦材 A	$y_{A\text{-}1}$	$y_{A\text{-}2}$	$y_{A\text{-}3}$	$y_{A\text{-}4}$	$y_{A\text{-}5}$	$y_{A\text{-}6}$	$y_{A\text{-}7}$	$y_{A\text{-}8}$	$y_{A\text{-}9}$	実験値
摩擦材 B	$y_{B\text{-}1}$	$y_{B\text{-}2}$	$y_{B\text{-}3}$	$y_{B\text{-}4}$	$y_{B\text{-}5}$	$y_{B\text{-}6}$	$y_{B\text{-}7}$	$y_{B\text{-}8}$	$y_{B\text{-}9}$	
摩擦材 C	$y_{C\text{-}1}$	$y_{C\text{-}2}$	$y_{C\text{-}3}$	$y_{C\text{-}4}$	$y_{C\text{-}5}$	$y_{C\text{-}6}$	$y_{C\text{-}7}$	$y_{C\text{-}8}$	$y_{C\text{-}9}$	
摩擦材 D	$y_{D\text{-}1}$	$y_{D\text{-}2}$	$y_{D\text{-}3}$	$y_{D\text{-}4}$	$y_{D\text{-}5}$	$y_{D\text{-}6}$	$y_{D\text{-}7}$	$y_{D\text{-}8}$	$y_{D\text{-}9}$	

ii) 実験データの解析とロバスト最適解の導出

　取得した実験データを表 3.3 に示す. 同表において，Yu らの手法のロバスト性評価指標の算出に用いる目標特性の平均値 μ_y と感度指標 S_I が，各摩擦材（制御因子）ごとに記載されている. たとえば，摩擦材 A においては, 次式のように算出した.

$$
\begin{aligned}
\mu_y &= \sum_{i=1}^{m^n} w_i y_i \\
&= 0.016 \times 0.36 + 0.254 \times 0.29 + 0.016 \times 0.23 + 0.25 \times 0.30 \\
&\quad + 0.254 \times 0.24 + 0.063 \times 0.37 + 0.016 \times 0.25 + 0.063 \times 0.38 \\
&\quad + 0.063 \times 0.31 \\
&= 0.29
\end{aligned}
\tag{3.35}
$$

$$
\begin{aligned}
S_\mathrm{I} &= \sqrt{\sum_{i=1}^{m^n} w_i (y_i - \mu_y)^2} \\
&= \sqrt{0.016 \times (0.36 - 0.29)^2} + \sqrt{0.254 \times (0.29 - 0.29)^2} \\
&\quad + \sqrt{0.016 \times (0.23 - 0.29)^2} + \sqrt{0.254 \times (0.30 - 0.29)^2} \\
&\quad + \sqrt{0.254 \times (0.24 - 0.29)^2} + \sqrt{0.063 \times (0.37 - 0.29)^2} \\
&\quad + \sqrt{0.016 \times (0.25 - 0.29)^2} + \sqrt{0.063 \times (0.38 - 0.29)^2} \\
&\quad + \sqrt{0.063 \times (0.31 - 0.29)^2} \\
&= 0.042
\end{aligned}
\tag{3.36}
$$

式 (3.36) と，式 (3.35) と目標値 y_τ ($= 0.35$) の差を用いて，摩擦材 A における Yu らの手法のロバスト性評価指標 (式 (3.29)) を次式のように算出した[†30].

$$
\alpha |\mu_y - y_\tau| + (1 - \alpha) S_\mathrm{I} = 0.3 \times |0.29 - 0.35| + 0.7 \times 0.042 = 0.047
\tag{3.37}
$$

表 3.3　実験結果

制御因子	実験番号											
	1	2	3	4	5	6	7	8	9	μ_y	S_I	$\alpha\|\mu_y - y_\tau\| + (1-\alpha)S_\mathrm{I}$ ($y_\tau = 0.35$)
	w_1	w_2	w_3	w_4	w_5	w_6	w_7	w_8	w_9			
	0.016	0.254	0.016	0.254	0.254	0.063	0.016	0.063	0.063			
摩擦材 A	0.36	0.29	0.23	0.30	0.24	0.37	0.25	0.38	0.31	0.29	0.042	0.047
摩擦材 B	0.30	0.27	0.25	0.28	0.26	0.32	0.26	0.32	0.31	0.28	0.020	0.036
摩擦材 C	0.29	0.26	0.24	0.27	0.24	0.30	0.25	0.31	0.29	0.27	0.021	0.040
摩擦材 D	0.28	0.25	0.23	0.28	0.25	0.30	0.25	0.32	0.30	0.27	0.023	0.041

†30　本設計事例では，目標値があるとして望目特性の場合のロバスト性評価指標を算出した.

ここで，設計者が決定する重み α は，ばらつきの評価である感度指標 S_I をやや優先するために 0.3 とした．この結果，式 (3.37) の値が最も小さい，摩擦材 B がロバスト最適解として選出された．

iii) 確認実験

確認実験は，制御因子間の交互作用などにより，実験結果から予想されたロバスト性の改善効果が得られない場合を想定して行われる．しかし，本設計事例の制御因子は一つである（交互作用を心配する必要はない）ため，確認実験を行わないこととした[†31]．

参考文献

[1] 松岡由幸，栗原憲二，奈良敢也，氏家良樹：製品開発のための統計解析学，共立出版，2006

[2] R.N. Kackar: Taguchi's quality philosophy analysis and commentary. an introduction to and interpretation of Taguchi's ideas, *Quality Progress*, 19-12, 21–29, 1986

[3] D.M. Byrne, S. Taguchi: The Taguchi approach to parameter design, *ASQ's Annu Qual Congr Proc*, 40, 168–177, 1986

[4] 田口玄一：品質工学講座 1　開発・設計段階の品質工学，日本規格協会，1988

[5] 田口玄一：品質工学講座 3　品質評価のための SN 比，日本規格協会，1988

[6] 田口玄一：品質工学講座 4　品質設計のための実験計画法，日本規格協会，1988

[7] 田口玄一：品質工学講座 6　品質工学事例集　欧米編，日本規格協会，1990

[8] 田口玄一：品質工学講座 7　品質工学事例集　計測編，日本規格協会，1990

[9] G. Taguchi: Taguchi on robust technology development, ASME Press, 1993

[10] K.N. Otto, E.K. Antosson: Extensions to the Taguchi method of product design, *Transaction of the ASME Journal of Mechanical Design*, 115-1, 5–13, 1993

[11] S. Sundaresan, K. Ishii, D.R. Houser: Design Optimization for Robustness Using Performance Simulation Programs, *ASME DE*, 32-1, 249–256, 1991

[12] J.-C. Yu, K. Ishii: A robust optimization method for systems with significant nonlinear effects, *ASME DE*, 65-1, 371–378, 1991

[13] J.-C. Yu, K. Ishii: Design optimization for robustness using quadrature factorial models, *Eng Optim*, 30, 203–225, 1998

[†31] ばらつきを有する因子に関しては，すべての水準値の組合せを実験したわけではないため，残りの組合せで確認実験を行うことは無駄ではないので注意されたい．

[14] J.R. D'Errico, N.A. Zaino Jr.: Statistical Tolerancing Using a Modification of Taguchi's Method, *Technometrics*, 30-4, 397–405, 1988

[15] J.-C. Yu, K. Ishii: Robust design by matching the design with manufacturing variation patterns, *ASME DE*, 69-2, 7–14, 1994

[16] J.-C. Yu, K. Ishii: Design for robustness based on manufacturing variation patterns, *Transaction of the ASME Journal of Mechanical Design*, 120-2, 196–202, 1998

第**4**章

シミュレーションを用いる
ロバストデザイン法

第4章では，人工物自身のばらつきに対応する各種のロバストデザイン法のうち，シミュレーションを用いる手法について，身近な設計事例として椅子の設計を例に説明する．

4.1 シミュレーションを用いるロバストデザイン法の概要

本節では，**シミュレーション** (simulation) を用いるロバストデザイン法の概要として，同手法の必要性とその手順について述べる．

4.1.1 シミュレーションを用いるデザイン法の必要性

シミュレーションとは，実際の現象を模擬することにより，その現象の解析や予測を行うことである[1]．シミュレーションは，機能や品質などの最適化や，時間や費用などの軽減を目的として，近年では，ロバストデザインにおいても多く行われている．なお，本書では，目標特性と因子の関係が定式化された目的関数や制約関数を用いるシミュレーションを想定している．

シミュレーションを用いるロバストデザイン法の主な利点は，目的関数や制約関数の特徴を用いて，目標特性の公称値やばらつきなどを効率的に取得できることである．以下に，同法の手順を示す．

4.1.2 シミュレーションを用いるデザイン法の手順

シミュレーションを用いるロバストデザイン法は，図 4.1 のように，**モデリング** (modeling)，**ロバストモデリング** (robust modeling)，**ロバスト最適化** (robust optimization) の順に行われる．

まず，モデリングにおいては，力学や電磁気学などに基づく物理法則，または多変量解析や応答曲面法などのモデリング手法を用いて，目標特性と**制約特性** (constraint

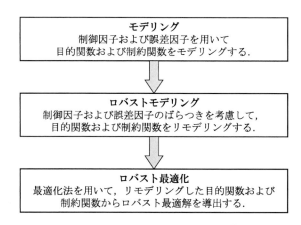

図 4.1　シミュレーションを用いたロバストデザイン法の手順

characteristic)[†1]を制御因子および誤差因子で表現し，次式のような一般的な最適化問題として定式化（モデリング）する．

$$\text{minimize} \quad y = f(\boldsymbol{x}; \boldsymbol{z}) \tag{4.1}$$

$$\text{subject to} \quad c_j = g_j(\boldsymbol{x}; \boldsymbol{z}) \leq 0 \quad (j = 1, 2, \ldots, k) \tag{4.2}$$

ここで，y は目標特性，c は制約特性，$\boldsymbol{x} = \{x_1, x_2, \ldots, x_n\}^{\mathrm{T}}$ と $\boldsymbol{z} = \{z_1, z_2, \ldots, z_n\}^{\mathrm{T}}$ はそれぞれ制御因子と誤差因子のベクトル，$f(\boldsymbol{x}; \boldsymbol{z})$ は目的関数，$g_j(\boldsymbol{x}; \boldsymbol{z})$ は制約関数，k は制約条件の数を表す．なお，本章における目標特性は，第3章で述べた実験データではなく，目的関数を用いて算出する値であり，同様に制約特性も制約関数を用いて算出する値である．また，モデリングは，シミュレーションを行ううえで一般的に実施するものであり，ロバストデザインにおける独自の内容ではないため，本書では省略する．

　つぎに，ロバストモデリングにおいては，因子のばらつきを想定して，目的関数および制約関数を変換し，次式のように定式化する．

$$\text{minimize} \quad F(\boldsymbol{x}; \boldsymbol{z}, \Delta\boldsymbol{x}, \Delta\boldsymbol{z}) \tag{4.3}$$

$$\text{subject to} \quad G_j(\boldsymbol{x}; \boldsymbol{z}, \Delta\boldsymbol{x}, \Delta\boldsymbol{z}) \leq 0 \quad (j = 1, 2, \ldots, l) \tag{4.4}$$

ここで，$\Delta\boldsymbol{x} = \{\Delta x_1, \Delta x_2, \ldots, \Delta x_n\}^{\mathrm{T}}$ と $\Delta\boldsymbol{z} = \{\Delta z_1, \Delta z_2, \ldots, \Delta z_n\}^{\mathrm{T}}$ はそれぞれ制御因子と誤差因子のばらつきのベクトルを表す．$F(\boldsymbol{x})$，$G_j(\boldsymbol{x})$ は変換後の目的関数および制約関数，l は制約条件の数を表す．このように，因子のばらつきを考慮して，

---

†1　設計において制約となる（一定値以上（または以下）を満たす必要がある）機能特性のこと．

目的関数および制約関数を変換する手法は，多く提案されている．しかし，これらの手法は，設計問題における目的関数および制約関数の微分可能性や，因子のばらつきの分布型などを仮定するため，いかなる設計問題に対しても適用できる万能な手法ではない．このため，設計者は，これらの手法のなかから，設計問題の特徴に応じて適切な手法を選択する必要がある．

　最後に，ロバスト最適化においては，ロバストモデリングにより得られた関数を用いて**ロバスト最適解** (robust optimum solution) を導出する．ここでは，一般的な最適化法を用いることもあれば，ロバストモデリングに対応する独自の最適化法を用いることもある．なお，本書では，ロバストモデリングを行っていない関数 (式 (4.1), (4.2)) を用いて導出される設計解を**最適解** (optimum solution) と称し，ロバストモデリングにより得られた関数 (式 (4.3), (4.4)) を用いて導出される設計解をロバスト最適解と称することで，両者を区別することとする．

　以下に，目的関数と制約関数に関するロバストモデリングおよびロバスト最適化の方法を，それぞれ説明する．

4.2　目的関数を用いるロバストデザイン法の例

　本節では，目的関数を用いるロバストデザイン法の概要について述べた後に，代表的な手法を紹介する．なお，本節で挙げる各手法の記述は，ほかの手法と比較しやすくするため，ほかの書籍や文献とは異なる式で表現している場合があるので注意されたい．

4.2.1　目的関数を用いるロバストデザイン法の概要

　制御因子および誤差因子のばらつきにともない，目標特性はばらつく．このため，因子のばらつきを考慮せずに導出された最適解は，目標特性が目標値 y_τ から大きくばらつくため，要求される機能を満足できなくなってしまうことがある．目的関数を用いるロバストデザイン法は，「目標特性が目標値に近いこと」と「目標特性のばらつきが小さいこと」の 2 目的に対して，最適な制御因子の組合せ x_{opt} を求める次式のような設計問題を扱う．

$$\text{find} \quad \boldsymbol{x}_{\mathrm{opt}}$$
$$\text{to minimize} \quad f(\boldsymbol{x};\boldsymbol{z}) - y_\tau, \quad f(\boldsymbol{x};\boldsymbol{z}) - f(\boldsymbol{x}^*;\boldsymbol{z}^*) \mid \forall \boldsymbol{x},\boldsymbol{z} \in C(\boldsymbol{x},\boldsymbol{z})$$
$$\left(C(\boldsymbol{x};\boldsymbol{z}) = \begin{cases} \boldsymbol{x} : \boldsymbol{x} \in S \mid |\boldsymbol{x}-\boldsymbol{x}^*| \le \varDelta\boldsymbol{x} \\ \boldsymbol{z} : \boldsymbol{z} \in S \mid |\boldsymbol{z}-\boldsymbol{z}^*| \le \varDelta\boldsymbol{z} \end{cases} \right) \tag{4.5}$$

ここで，x^* および z^* は，制御因子および誤差因子の公称値（設定値）を表す.

　本内容を概念的に示すと以下のようになる．図 4.2 (a) は，制御因子の値を変化させることにより，制御因子のばらつきによる目標特性のばらつきを低減している概念図であり，制御因子が x から x' に変化することで，目標特性のばらつきの大きさが Δy から $\Delta y'$ に低減されていることがわかる．本図から明らかなように，因子のばらつきの影響を小さくするためには，目的関数の非線形性が重要となる[†2]．一方，図 4.2 (b) は，制御因子の値を変化させることにより，誤差因子のばらつきによる目標特性のばらつきを低減している概念図である．誤差因子は設計者により調整されないため，制御因子の値を調整して目標特性と誤差因子の関係式を変化させることにより，目標特性のばらつきを低減する．図中では，制御因子の値を x から x' へ変化させることで，目標特性のばらつきの大きさが Δy から $\Delta y'$ に低減されている．目的関数を用いる代表的な手法について次項で説明する.

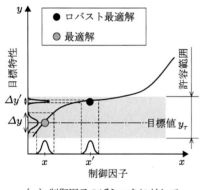
（a）制御因子のばらつきに対して
ロバストな設計解

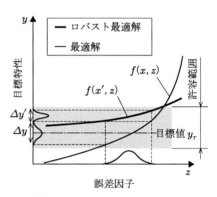
（b）誤差因子のばらつきに対して
ロバストな設計解

図 4.2　目的関数を用いるロバストデザイン法の概念

[†2] 目的関数が線形である場合，制御因子がどの値になっても目標特性のばらつきの大きさは変わらないため，目標特性のばらつきを低減するには，因子のばらつきを低減するしかない．このように，因子のばらつきを抑えることはコスト増加につながることが多い．たとえば，制御因子のばらつき低減のために寸法公差を厳しくすると，製造コストが増加する.

4.2.2 因子のばらつきの範囲を用いる手法

(1) 因子のばらつきの最大・最小値を用いる手法 (Wilde らの手法)[2,3]

【概要】

本手法は，因子のばらつきの最大・最小値を用いて目標特性のばらつきの最大・最小値を算出し，それらの差を小さくするロバスト最適解を導出する手法である．ここで，本手法を適用する，すなわち，因子のばらつきの最大・最小値から目標特性の最大・最小値を算出するためには，目的関数が単調増加または単調減少する必要がある[†3]．そのため，本手法の特徴・適用条件は以下のようになる．

・微分可能および微分不可能な目的関数を想定する（ただし，単調増加または単調減少する目的関数を想定する）．
・因子のばらつきの最大・最小値を用いる（因子のばらつきの範囲を考慮する）．

【解説】

本手法の手順を以下に示す．

ⅰ) ロバストモデリング

本手法では，目的関数が単調性を有する[†4]と仮定し，因子のばらつきの最大・最小値を用いてロバスト性を評価する．たとえば，制御因子の増加に対して目的関数が単調増加する場合，目標特性は制御因子のばらつきの上限値において最大となる (図 4.3 (a))．一方，制御因子の増加に対して目的関数が単調減少する場合，目標特性は制御因子の

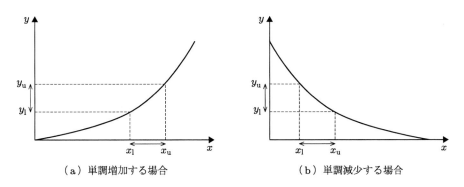

（a）単調増加する場合　　　　　（b）単調減少する場合

図 4.3　単調性を有する目的関数

---

†3　Wilde らは本手法を，各因子に対して目標特性が単調に変化することが多い電気回路設計問題に適用している．

†4　目的関数が単調増加または単調減少すること．

ばらつきの下限値において最大となる (図 4.3 (b)). このように, 単調増加または単調減少する目的関数を想定することにより, 目標特性の最大値 y_u および最小値 y_l を, 制御因子および誤差因子の最大値および最小値の関数値として次式のように算出する.

$$y_u = f(\boldsymbol{x}_u^+, \boldsymbol{x}_l^-; \boldsymbol{z}_u^+, \boldsymbol{z}_l^-) \tag{4.6}$$

$$y_l = f(\boldsymbol{x}_l^+, \boldsymbol{x}_u^-; \boldsymbol{z}_l^+, \boldsymbol{z}_u^-) \tag{4.7}$$

ここで, $\boldsymbol{x}^+$, $\boldsymbol{z}^+$ は目標特性を単調増加させる制御因子および誤差因子を表し, $\boldsymbol{x}^-$, $\boldsymbol{z}^-$ は目標特性を単調減少させる因子を表す. また, $\boldsymbol{x}_u$, $\boldsymbol{x}_l$ は制御因子の最大値および最小値を表し, $\boldsymbol{z}_u$, $\boldsymbol{z}_l$ は誤差因子の最大値および最小値を表す. これらの式を用いて, 目標特性の最大・最小値と目標値の差の絶対値を算出することにより, 次式のようにロバストモデリングを行う.

$$\text{minimize} \quad \max\{|y_u - y_\tau|, |y_\tau - y_l|\} \tag{4.8}$$

ここで, max{ } は括弧内の数値の最大値を表す. 式 (4.8) は, 目標特性の最大・最小値と目標値の差が等しくなることを表しているため, 同式は, 制約条件を用いて次式のように変形できる.

$$\text{minimize} \quad |y_u - y_\tau| \tag{4.9}$$

$$\text{subject to} \quad y_\tau = \frac{y_u + y_l}{2} \tag{4.10}$$

ここで, 式 (4.10) の制約条件は, 目標特性のばらつきにおける上限値と下限値の平均値が, 目標値に一致することを表している.

ii) ロバスト最適化

本手法の文献[3] の事例においては, 制御因子が2個であるため, 式 (4.10) を式 (4.9) へ代入することでロバスト最適解を導出しているが, このような手順でロバスト最適解を導出できることは稀である. このため, 本書では, 一般的な最適化法を用いてロバスト最適解を導出することを推奨する. 本手法においては, 目的関数が微分可能かつ**凸関数** (convex function)[†5]であれば, **非線形計画法** (nonlinear programming) が有効となる. しかし, 本手法の利点の一つは微分不可能な目的関数に対応できることであるため, 本手法を適用する多くの場合は, 微分可能性や凸性を仮定しないヒューリスティック手法を用いて, 制御因子の組合せを次々に更新しながらロバスト最適解を導出することが有効であると考えられる.

[†5] 凸関数とは, 関数のグラフが関数上の2点を結ぶ線分より下に位置するような関数のこと. 非線形計画法が最適解を導出するための条件となる.

(2) 因子のばらつきの大きさを用いる手法 (Belegundu らの手法)[4, 5]

【概要】

本手法は, 因子のばらつきの大きさと目的関数の微分値を用いて算出した, 目標特性のばらつきを最小化するロバスト最適解を導出する手法である. そのため, 本手法の特徴・適用条件は以下のようになる.

・微分可能な目的関数を想定する.
・因子のばらつきの大きさを用いる (因子のばらつきの範囲を考慮する).

【解説】

本手法の手順を以下に示す.

i) ロバストモデリング

因子のばらつきが微小である場合, 目標特性のばらつきの大きさを, 因子のばらつきの大きさと目的関数の微分値の積として次式のように近似することができる (図 4.4)[†6].

$$\Delta y \approx \sum_{i=1}^{l} \frac{\partial f(\boldsymbol{x}; \boldsymbol{z})}{\partial x_i} \Delta x_i + \sum_{j=1}^{m} \frac{\partial f(\boldsymbol{x}; \boldsymbol{z})}{\partial z_j} \Delta z_j \tag{4.11}$$

ここで, l は制御因子の数, m は誤差因子の数, Δy は目標特性のばらつきの大きさ, Δx_i は制御因子のばらつきの大きさ, Δz_i は誤差因子のばらつきの大きさを表す. 本手法では, 次式のように, 目標特性の公称値が一定の許容範囲内に収まることを制約条件として, 目的関数の微分値を最小化する.

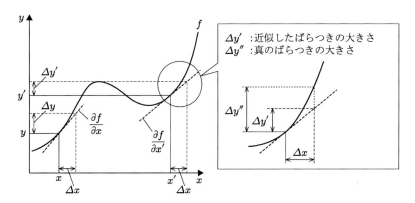

図 4.4　制御因子の標準偏差と目標特性の標準偏差の関係

---

†6　因子のばらつきが大きい場合, 図 4.4 の拡大部分にあるような誤差が大きくなるため, この近似を行う場合は注意が必要である.

$$\text{minimize} \quad \left| \frac{\partial f(\boldsymbol{x};\boldsymbol{z})}{\partial x_i} \right|, \quad \left| \frac{\partial f(\boldsymbol{x};\boldsymbol{z})}{\partial z_j} \right| \tag{4.12}$$

$$\text{subject to} \quad y'_1 \leq f(\boldsymbol{x};\boldsymbol{z}) \leq y'_u \tag{4.13}$$

ここで，y'_1 と y'_u は安全率を考慮した目標特性の許容上限値および下限値[†7]である．これは，式 (4.13) において，ばらつきを想定しない目標特性の公称値を用いているためである[†8]．式 (4.12) より，この設計問題は制御因子および誤差因子の数だけ目的を有する多目的最適化問題となる．そこで，本手法では，制御因子および誤差因子の各ばらつきの大きさに対する重み β を乗じた線形和をとることにより，単目的最適化問題として次式のようにロバストモデリングを行う．なお，次式は，目標特性が望目特性である場合のロバストモデリングである．

$$\text{minimize} \quad \sum_{i=1}^{l} \beta_i \left| \frac{\partial f(\boldsymbol{x};\boldsymbol{z})}{\partial x_i} \right| + \sum_{j=1}^{m} \beta_j \left| \frac{\partial f(\boldsymbol{x};\boldsymbol{z})}{\partial z_j} \right| \tag{4.14}$$

$$\text{subject to} \quad y'_1 \leq f(\boldsymbol{x};\boldsymbol{z}) \leq y'_u \tag{4.15}$$

ここで，β は，因子間の単位の違いも考慮して設定する必要がある．なお，Belegundu らは，目的関数が非線形である場合を想定して，2 階微分値を用いて式 (4.12) や式 (4.14) を改良することも提案している[5] が，本書では省略する．

ⅱ）ロバスト最適化

　本手法では，図 4.5 に示すような手順でロバスト最適化を行う．まず，解候補を導出し，それを更新しながら式 (4.14) と式 (4.15) を用いた評価を行う．解の更新方法は限定されていないが，本手法の文献[4] では，式 (4.14) の微分値を利用して解を更新している．本手法により導出されたロバスト最適解は，図 4.6 に示すように，目標特性の公称値が目標値 y_τ に近づくことのみを目的とした最適解とは異なり，目標特性の公称値が，式 (4.14) の許容範囲内で目標値から離れるものの，ばらつきの小さい設計解となる．

---

†7　実際の許容上・下限界値に対して安全率分だけ厳しく設定した許容上・下限値．

†8　安全率を考慮した値に設定することで，目標特性がばらついても，本来の許容限界値が満たされるようにしている．

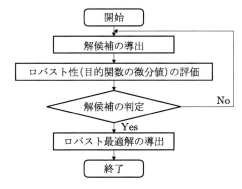

図 4.5　Belegundu らの手法におけるロバスト最適化の手順

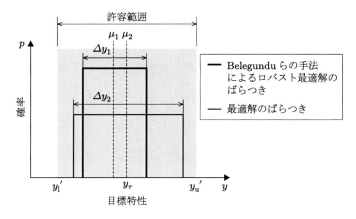

図 4.6　Belegundu らの手法によるロバスト最適解

(3) ファジィ数を用いる手法 (Arakawa・Yamakawa らの手法)[6–10]

【概要】

　本手法は，ファジィ数で表した因子のばらつきにおける最大・最小値に，目的関数の微分値を乗じて算出した，目標特性のばらつきを最小化するロバスト最適解を導出する手法である．ここで，**ファジィ数** (fuzzy number) は曖昧性を有する数であり，曖昧性が含まれる現実問題をモデル化する際に用いられる．本手法では，目的関数の微分値と，因子のばらつきを左右非対称に表現する **LR ファジィ数** (LR-fuzzy number) を用いる．そのため，本手法の特徴・適用条件は以下のようになる．

・微分可能な目的関数を想定する．
・因子のばらつきの最大・最小値を用いる（因子のばらつきの範囲を考慮する）．

・左右非対称な因子のばらつきを想定する.

なお,Arakawa・Yamakawa らは,ここで述べた目的関数のロバストモデリングに加え,制約関数のロバストモデリングも提案している.本内容に関しては,次節 (p. 96 参照) を参照されたい.

【解説】

本手法の手順を以下に示す.

i) ロバストモデリング

本手法では,LR ファジィ数を用いる.LR ファジィ数とは,図4.7 (a) のように,ある基準値 a^* において左 (Left) と右 (Right) で異なる**メンバーシップ関数** (membership function)[†9]が定義されたファジィ数のことである.この関数 M_{LR} は,基準値 a^* と左右の広がりを表すパラメータ α と β を用いて,次式のように記述される[10].

$$M_{\mathrm{LR}} = (a^*; \alpha, \beta)_{\mathrm{LR}} \tag{4.16}$$

ここで,LR ファジィ数の基準値を因子の公称値とすることにより,図4.7 (b) のように,0~1 の値をとるメンバーシップ関数の値 b に応じて,因子のばらつきの大きさを左右に異なる幅で表現することができる.同図は,公称値 x^* の制御因子におけるメンバーシップ関数の例である.たとえば,寸法公差を有する設計問題においては,正規分布のように左右のばらつきの幅が等しく与えられる図4.8 (a) のようなばらつきだけでなく,左右のばらつきの大きさが異なる図4.8 (b) のようなばらつきを想定できるようになる.

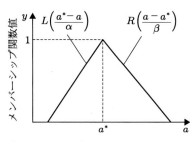

（a）LR ファジィ数 $M_{\mathrm{LR}} = (a^*, \alpha, \beta)_{\mathrm{LR}}$ の例

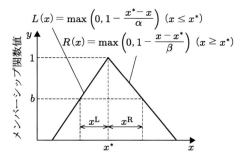

（b）メンバーシップ関数の設定例

図 4.7　LR ファジィ数の概念

---

†9　ファジィ数が取り得る値に対して,その度合いを表す関数のこと.

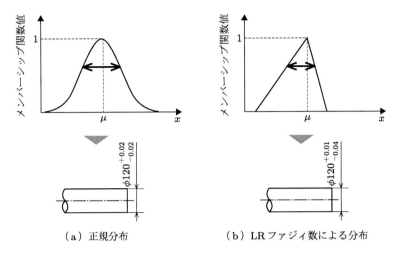

（a）正規分布　　　　　　　　　　（b）LRファジィ数による分布

図 4.8　LR ファジィ数が対応するばらつきと正規分布のばらつきの違い

　本手法においては，「目標特性の最小化」と「因子のばらつきによる目標特性のばらつきの最小化」の 2 目的を想定し，次式のようにロバストモデリングを行う．なお，次式は，目標特性が望小特性である場合のロバストモデリングである．

$$\text{minimize} \quad f(\boldsymbol{x}; \boldsymbol{z}) \tag{4.17}$$

$$\text{minimize} \quad f_{\boldsymbol{x}}^{\mathrm{R}}(\boldsymbol{x}, \boldsymbol{x}^{\mathrm{L}}, \boldsymbol{x}^{\mathrm{R}}; \boldsymbol{z}) = \sum_{i \in \frac{\partial f}{\partial x_i} > 0} \frac{\partial f}{\partial x_i} x_i^{\mathrm{R}} - \sum_{i \in \frac{\partial f}{\partial x_i} < 0} \frac{\partial f}{\partial x_i} x_i^{\mathrm{L}} \tag{4.18}$$

$$\text{minimize} \quad f_{\boldsymbol{z}}^{\mathrm{R}}(\boldsymbol{x}; \boldsymbol{z}, \boldsymbol{z}^{\mathrm{L}}, \boldsymbol{z}^{\mathrm{R}}) = \sum_{i \in \frac{\partial f}{\partial z_i} > 0} \frac{\partial f}{\partial z_i} z_i^{\mathrm{R}} - \sum_{i \in \frac{\partial f}{\partial z_i} < 0} \frac{\partial f}{\partial z_i} z_i^{\mathrm{L}} \tag{4.19}$$

ここで，上付き文字の L や R は，図 4.7 (b) で示したように，メンバーシップ関数の値により定まる因子のばらつきの大きさを表している．たとえば，$\boldsymbol{x}^{\mathrm{L}}$ および $\boldsymbol{x}^{\mathrm{R}}$ は公称値 $\boldsymbol{x}^*$ からの左（負）方向および右（正）方向へのばらつきの大きさのベクトルを表している．なお，本手法においては，制御因子のばらつきの大きさ（式 (4.18) の $\boldsymbol{x}^{\mathrm{L}}$ および $\boldsymbol{x}^{\mathrm{R}}$）を変数（設計者が設定できる）として考えることにより，目標特性のロバスト性を満たしつつ制御因子のばらつきの大きさを最大化する（許容誤差を最大化する）設計問題を想定するため，式 (4.17)〜(4.19) に次式を加えている[†10]．

$$\text{maximize} \quad \boldsymbol{x}^{\mathrm{L}} + \boldsymbol{x}^{\mathrm{R}} \tag{4.20}$$

---

†10　式 (4.17)〜(4.19) を用いた場合，式 (4.18) における制御因子のばらつきは必ず最小値になってしまうため，同式とトレードオフの関係になる式 (4.20) が導入されている．

制御因子のばらつきを最大化することは，厳しい公差が要求される設計問題などにおいて有効である．なお，本書で紹介するほかの手法と同様に，設計者が制御因子のばらつきの大きさを設定できない場合には，x^{L} と x^{R} をパラメータに設定し，式 (4.20) を省略すればよい．また，式 (4.18) および式 (4.19) から明らかなように，目標特性のばらつきは，Belegundu らの手法 (p. 73 参照) と同様に，線形な目的関数を仮定したうえで算出されているため，目的関数が非線形である場合には誤差が生じる．このような目的関数の非線形性に対応するため，因子と目標特性の間に，目的関数の 2 階微分を用いた中間変数を設定する方法も提案されている [8] が，その詳細に関しては，ほかの手法と同様に省略する．

ii) ロバスト最適化

本手法では，式 (4.17)～(4.20) を用いて多目的最適化を行う[†11]．本手法の文献[7] では**希求水準法** (aspiration level approach)[11] という多目的最適化法が紹介されている．以下に，同手法を用いたロバスト最適化の手順を示す．

希求水準法においては，各目的関数 f_i を用いて次式のような評価関数を設定する．

$$\text{minimize} \quad \max_i w_i(f_i - \bar{f}_i) + \alpha \sum_i w_i f_i \quad \left(w_i = \frac{1}{f_i^* - \bar{f}_i} \right) \tag{4.21}$$

ここで，α は十分に小さい値 (10^{-6} など) に設定される．w_i は各目的関数の重みであり，目的関数の**希求水準** (aspiration level) $\bar{f}_i$ と理想値 f_i^* から算出される．なお，希求水準とは，最良ではないものの設計者が許容できる値であり，設計者が設定する．つまり，重み w_i は，希求水準と理想値の差が大きいほど (設計者が理想値から離れた希求水準を設定するほど) 小さくなる．また，式 (4.21) の第 1 項は負の値になることを許容しているため，希求水準を達成した後もさらなる最小化が可能である[†12]．

式 (4.21) の f_i に式 (4.17)～(4.20) を代入し，制御因子やメンバーシップ関数値を更新することで得られた解候補について，設計者がロバスト最適解とするか否か判定する．ロバスト最適解として不適であった場合は，希求水準を再度設定し，解候補の導出と判定を繰り返し行う．

[†11]　本書で紹介するほかの手法と同様に，設計者が制御因子のばらつきの大きさを設定できると想定する場合においては，メンバーシップ関数の値を設計者が定めた値に固定したうえで，式 (4.17)～(4.19) を用いて多目的最適化を行えばよい．

[†12]　目標特性が望目特性である場合においては，第 1 項 (希求水準と理想値の差) は絶対値とする必要がある．

(4) 因子のばらつきの許容領域の大きさを用いる手法 (Zhu らの手法)[12]

【概要】

本手法は，多数の因子と目標特性の関係を**ヤコビ行列** (Jacobian matrix)[†13]で表し，同行列とその転置行列の積に関する固有値・固有ベクトルを用いて，同因子におけるばらつきの許容領域を算出し，その大きさが最大となるロバスト最適解を導出する手法である．本手法は，ロバスト性を向上させるロバスト最適解（制御因子の値の組合せ）を探索するのではなく，いくつか存在する解候補のなかからロバスト最適解を選出する手法として提案されている．

本手法は，目標特性と因子の関係を目的関数の微分値を用いて表し，同微分値を用いて算出される行列の固有値と固有ベクトルを用いて，因子のばらつきの許容領域の大きさを算出する．そのため，本手法の特徴・適用条件は以下のようになる．

・微分可能な目的関数を想定する．
・因子のばらつきの最大・最小値を用いる（因子のばらつきの範囲を考慮する）．
・因子のばらつきの許容領域を用いる（多数の因子のばらつきを同時に評価する）．

【解説】

本手法の手順を以下に示す．

i) ロバストモデリング

本手法では，まず，目標特性のばらつきと制御因子のばらつき[†14]が線形関係を有すると仮定し，目標特性のばらつきの大きさを，ヤコビ行列を用いて次式のように近似する．

$$\Delta \boldsymbol{y} = J \Delta \boldsymbol{x} \tag{4.22}$$

ここで，$\Delta \boldsymbol{y} = \{\Delta y_1, \Delta y_2, \ldots, \Delta y_m\}^{\mathrm{T}}$ は目標特性におけるばらつきの大きさのベクトル，$J = \partial(y_1, y_2, \ldots, y_m)/\partial(x_1, x_2, \ldots, x_n)$ はヤコビ行列，$\Delta \boldsymbol{x} = \{\Delta x_1, \Delta x_2, \ldots, \Delta x_n\}^{\mathrm{T}}$ は制御因子におけるばらつきの大きさのベクトルを表し，m と n は目標特性と制御因子の個数をそれぞれ表している．本手法では，目標特性のばらつきの大きさを，式 (4.22) の**ノルム** (norm)[†15]を用いて次式のように表現する．

$$\|\Delta \boldsymbol{y}\|_2^2 = \Delta y_1^2 + \Delta y_2^2 + \cdots + \Delta y_m^2 = \Delta \boldsymbol{y}^{\mathrm{T}} \Delta \boldsymbol{y} = \Delta \boldsymbol{x}^{\mathrm{T}} J^{\mathrm{T}} J \Delta \boldsymbol{x} \tag{4.23}$$

---

†13 多変数ベクトル値関数の偏微分値を成分にもつ行列．
†14 本手法の文献[12] に記載されているばらつきは制御因子のばらつきであるため，同文献と同様に制御因子で記載している．ただし，同ばらつきに誤差因子のばらつきを含めても問題ない．
†15 ノルムとは，ベクトルの長さ（距離）を表す概念である．たとえば，ベクトル $\boldsymbol{a} = \{a_1, a_2\}$ において，$|a_1| + |a_2|$ や $\max(|a_1|, |a_2|)$ などいくつかの種類がある．

ここで，Δy の下付き文字の2は，$\|\Delta y\|$ が**フロベニウスノルム** (Frobenius norm)[†16]であることを表している．さらに，式 (4.23) は，行列 $J^{\mathrm{T}}J$ の固有値と固有ベクトルを用いて，次式のように変形できる．

$$\begin{aligned} \|\Delta y\|_2{}^2 &= \Delta x^{\mathrm{T}} J^{\mathrm{T}} J \Delta x = \Delta x^{\mathrm{T}} C D C^{\mathrm{T}} \Delta x = \Delta x'^{\mathrm{T}} D \Delta x' \\ &= \lambda_1 \Delta x_1'^2 + \lambda_2 \Delta x_2'^2 + \cdots + \lambda_n \Delta x_n'^2 \end{aligned} \quad (\Delta x'^{\mathrm{T}} = C^{\mathrm{T}} \Delta x)$$

$$(4.24)$$

ここで，$D\ (= \mathrm{diag}(\lambda_1, \lambda_2, \ldots, \lambda_n))$ は行列 $J^{\mathrm{T}}J$ の固有値 $\boldsymbol{\lambda}$ を対角成分にもつ対角行列，$C = [\Delta x_1, \Delta x_2, \ldots, \Delta x_n]$ は行列 $J^{\mathrm{T}}J$ の固有ベクトルにより構成される行列を表す．なお，固有ベクトルとは一次変換により方向の変わらないベクトルのことである（大きさは固有値倍となる）．たとえば，図 4.9 のような表現行列 A によるベクトル $\boldsymbol{a}$ の一次変換において，一般的なベクトル $\boldsymbol{a}_1$ は，図 4.9 (a) のように変換前後のベクトルの方向が異なるが，表現行列 A の固有ベクトル $\boldsymbol{a}_1$ は，図 4.9 (b) のように変換前後のベクトルの方向が同じ（変換後のベクトルが変換前のベクトルの定数倍）になる．すなわち，a_1 と a_2 の2軸で表現される情報を，固有ベクトル（1軸）と固有値（係数）で表現することができるため，固有値・固有ベクトルを用いることにより，一次変換を簡潔に表現することができる．式 (4.24) は n 次の楕円を表しており，同式および目標特性におけるばらつきの大きさの許容上限 Δy_{u} を用いることにより，制御因子のばらつき $\Delta x'$ の大きさに関する許容領域 S_f は次式のように定義できる．

$$S_f = \{\Delta x' : \Delta x' \in \boldsymbol{R} \mid \lambda_1 \Delta x_1'^2 + \lambda_2 \Delta x_2'^2 + \cdots + \lambda_n \Delta x_n'^2 \le \|\Delta y_{\mathrm{u}}\|_2{}^2\}$$

$$(4.25)$$

ここで，$\boldsymbol{R}$ は，制御因子におけるばらつきの大きさの全組合せを表す．この楕円の体積が大きいほど，許容できる制御因子のばらつきは大きくなり，ロバスト性が高くなる．このため，楕円の体積 V_f の最大化問題として，次式のようにロバストモデリングを行う．

$$\text{maximize} \quad V_f = \frac{\pi^{\frac{n}{2}}}{\Gamma(n/2 + 1)} \prod_{i=1}^{n} \sqrt{\frac{\|\Delta y_{\mathrm{u}}\|_2{}^2}{\lambda_1}} \quad (4.26)$$

ここで，V_f は楕円球（許容領域）の体積，$\sqrt{\|\boldsymbol{Y}_{\mathrm{u}}\|_2{}^2 / \lambda_i}$ は楕円の軸の長さを表す．楕円の軸の長さは，固有値の数が因子の数より少ない場合はその差分の個数だけ無限大

[†16]　成分の自乗和の平方根．たとえばベクトル $\boldsymbol{a} = \{a_1, a_2\}$ においては，$\sqrt{a_1{}^2 + a_2{}^2}$ となる．

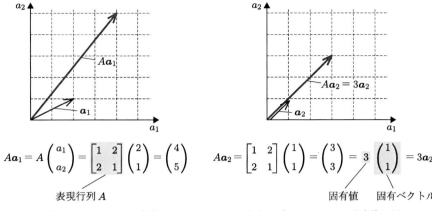

$$Aa_1 = A\begin{pmatrix} a_1 \\ a_2 \end{pmatrix} = \begin{bmatrix} 1 & 2 \\ 2 & 1 \end{bmatrix}\begin{pmatrix} 2 \\ 1 \end{pmatrix} = \begin{pmatrix} 4 \\ 5 \end{pmatrix}$$

表現行列 A

（a）通常のベクトルの一次変換の例

$$Aa_2 = \begin{bmatrix} 1 & 2 \\ 2 & 1 \end{bmatrix}\begin{pmatrix} 1 \\ 1 \end{pmatrix} = \begin{pmatrix} 3 \\ 3 \end{pmatrix} = 3\begin{pmatrix} 1 \\ 1 \end{pmatrix} = 3a_2$$

固有値　　固有ベクトル

（b）固有ベクトルの一次変換の例

図 4.9　固有値と固有ベクトルの概念図

になってしまう．その場合，固有値 λ を次式のように修正する．

$$\lambda'_i = \max\left(\lambda_i, \frac{\Delta y_u^2}{\kappa^2 \|\Delta x^*\|_2^2}\right) \quad (i = 1, 2, \ldots, n,\ 0.03 \le \kappa \le 0.05) \qquad (4.27)$$

ここで，$\Delta x^* = \{x_1, x_2, \ldots, x_n\}^{\mathrm{T}}$ は制御因子の設定値（公称値）のベクトルを表す．また，κ は，非線形関数を線形近似可能とするための公称値の係数を表し，設計者が設定する．さらに，式 (4.26) の Γ は**ガンマ関数** (gamma function) を表している．ガンマ関数とは，階乗を実数や複素数に一般化した関数であり，変数が整数や半整数 (整数に 1/2 を加えた数) の場合，次式のような性質を有する．

$$\begin{cases} \Gamma(1) = 1, \quad \Gamma(a) = (a-1)!, \quad \Gamma(0.5) = \sqrt{\pi}, \\ \Gamma(a + 0.5) = \dfrac{(2a)!\sqrt{\pi}}{a!\,2^{2a}} \end{cases} \qquad (4.28)$$

ここで，a は自然数を表す．たとえば，式 (4.26) において $n = 2$ の場合，式の値は図 4.10 のような楕円の面積 ($V_f = \pi \Delta x'_1 \Delta x'_2$) となる．

　また，Zhu らは，本手法が固有ベクトルにより座標を変換しているため，変換後の許容領域の大きさのみの評価では不十分であると指摘している．これは，図 4.11 に示すように，変換前後の座標の傾きの大きさにともない，実際の制御因子のばらつき Δx_i の許容領域（以下，実許容領域[†17]）S_t と式 (4.26) の許容領域の大きさの割合が大きく異なるためである．このことから，Zhu らは許容領域の大きさだけでなく，実許容領域も評価すべきとの課題を指摘している．この課題に関しては後述する Gunawan

---

[†17]　実許容領域は，変換前の座標に平行な辺を有する矩形となる．

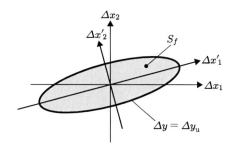

図 4.10 制御因子のばらつきの許容領域 ($n = 2$)

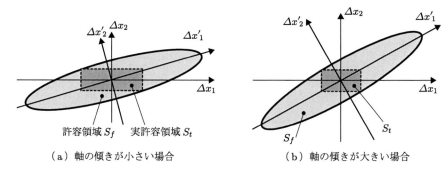

（a）軸の傾きが小さい場合 （b）軸の傾きが大きい場合

図 4.11 許容領域と実許容領域

らの手法 (p. 83 参照) において解決方法が提案されているので，同手法の説明を参照されたい．

ii) ロバスト最適化

本手法では，図 4.12 に示すような手順でロバスト最適化を行う．まず，いくつかの解候補を導出する[†18]．なお，本手法の文献[12]には記載されていないが，解候補の組合せをすべて列挙することが難しい場合には，解候補の導出とロバスト性の評価を繰り返し行ったうえでロバスト最適解を選定することが有効と考えられる．このため，図 4.12 も，この繰り返しを想定した手順として記載している．

[†18] 【概要】で述べたように，本手法は，ロバスト最適解を導出するのではなく，式 (4.26) を用いたロバスト性評価を行い，いくつか存在する解候補のなかからロバスト最適解を選出する．このため，最適化法に関しては言及されていない．

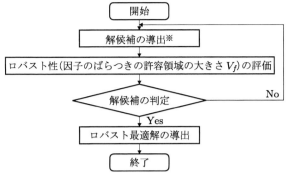

※ 解候補は複数導出するのが望ましい.

図 4.12 Zhu らの手法におけるロバスト最適化の手順

(5) 因子のばらつきの許容領域と公称値間の最短距離を用いる手法 (Gunawan らの手法)[13]

【概要】

　本手法は，Zhu らの手法 (p. 79 参照) と同様に，因子の許容領域を最大化するロバスト最適解を導出する手法である．ただし，本手法では，Zhu らの手法において評価した許容領域の体積ではなく，公称値から許容領域の境界までの最短距離を評価する．なお，同距離はヒューリスティック手法により算出されるため，目的関数が微分不可能な場合にも対応できる．そのため，本手法の特徴・適用条件は以下のようになる．

・微分可能および微分不可能な目的関数を想定する．
・因子のばらつきの最大・最小値を用いる（因子のばらつきの範囲を考慮する）．
・因子のばらつきの許容領域を用いる（多数の因子のばらつきを同時に評価する）．

【解説】

　本手法の手順を以下に示す．

i) ロバストモデリング

　本手法では，まず，Zhu らの手法と同様に，目標特性のばらつきの許容上限 Δy_{u} を用いて，誤差因子におけるばらつき[†19]の大きさの許容領域を次式のように定義する．

$$S_f = \{\Delta z;\, \Delta z \in S \mid f(\Delta z)^2 = \Delta y^2 \le \Delta y_{\mathrm{u}}^{\,2}\} \tag{4.29}$$

---

†19 本手法の文献[13] に記載されているばらつきは誤差因子のばらつきであるため，同文献と同様に誤差因子で記載している．ただし，このばらつきに制御因子のばらつきを含めても問題ない．

Zhu らの手法においては，許容領域を楕円球で表してその体積でロバスト性を評価する．一方，本手法では，目的関数が不連続であることを想定し，許容領域の大きさを，原点（公称値）から許容領域の境界までの距離 D の大きさとする．この距離 D は次式のように導出することができる．

$$\text{minimize} \quad D = \sqrt{\sum_{i=1}^{n_z} (\Delta z_i)^2} \ \Big| \ [f(\boldsymbol{x}; \boldsymbol{z} + \Delta \boldsymbol{z}) - f(\boldsymbol{x}; \boldsymbol{z})]^2 = {\Delta y_{\mathrm{u}}}^2 \quad (4.30)$$

ここで，式 (4.30) の条件式は，原点と結ばれる任意の点が許容領域の境界に存在することを意味している．式 (4.30) における許容領域の境界までの距離の最小値（最短距離）D は，図 4.13 のような原点を中心とした許容領域の内接円の半径となる．よって，最短距離 D を用いてロバスト性を評価することにより，許容領域の大きさだけでは判断できないロバスト性を評価することができる．たとえば，図 4.14 のような $S_{f\mathrm{A}}$ と $S_{f\mathrm{B}}$ の二つの許容領域が与えられた場合，$S_{f\mathrm{A}}$ のほうが大きいためロバスト性が高いようにみえる．しかし，図中の矢印の方向にばらついた場合，$S_{f\mathrm{A}}$ のほうが早く許容領域を逸脱してしまうことから，$S_{f\mathrm{A}}$ のロバスト性は $S_{f\mathrm{B}}$ より低いといえる．これにより，原点から許容領域の境界に接する点までの長さの最小値を用いたほうが適切にロバスト性を評価できるといえる．

また，各誤差因子の単位が異なる場合，式 (4.30) の各誤差因子のばらつきの大きさ Δz_i は大きく異なり，適切な評価を得られないことがある．そこで，各誤差因子のばらつきの大きさの上限値 $\Delta z_{\mathrm{u}i}$ を設計者が設定し，それらの値で Δz_i を除した値

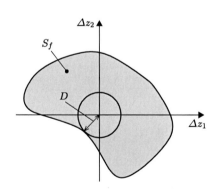

図 4.13　原点から許容領域の境界までの
長さの最小値

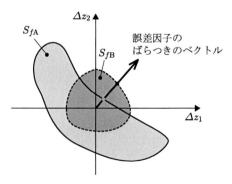

図 4.14　許容領域の大きさとロバスト性の関係

$\Delta z_i' \, (= \Delta z_i / \Delta z_{\mathrm{u}i})$ を用いて標準化を行う方法も提案されている．本内容に基づき，式 (4.30) は次式のように変形できる．

$$\text{minimize} \quad D = \sqrt{\sum_{i=1}^{n_z} (\Delta z_i')^2} \left| \; [f(\boldsymbol{x}; \boldsymbol{z} + \Delta z' \otimes \Delta z_1) - f(\boldsymbol{x}; \boldsymbol{z})]^2 = \Delta y_{\mathrm{u}}{}^2 \right.$$

(4.31)

ここで，$\otimes$ はベクトル演算子であり，$\boldsymbol{a}$ と $\boldsymbol{b}$ をそれぞれ n 次のベクトルとした場合，$\boldsymbol{a} \otimes \boldsymbol{b} = (a_1 b_1, a_2 b_2, \ldots, a_n b_n)^{\mathrm{T}}$ となる．

以上のことから，Gunawan らは，原点から許容領域の境界までの最短距離 D が，設計者により定められた許容値 D_0 以上であることを条件とすることにより，望目特性の設計問題を，目標特性と目標値 y_τ における差の最小化問題として次式のように定式化している．

$$\text{minimize} \quad f(\boldsymbol{x}; \boldsymbol{z}) - y_\tau \mid D \geq D_0$$

(4.32)

ここで，式 (4.32) の最短距離 D は式 (4.30) または式 (4.31) の最小化問題を解くことにより得られる．なお，D_0 は，許容領域が，各誤差因子のばらつきの大きさの許容上限値 $\Delta z_{\mathrm{u}i}$ を辺とする矩形より大きくなるように，$\sqrt{2}$ に設定することが推奨されている．これは，図 4.15 に示すように，各誤差因子のばらつきの大きさ Δz_i が，その上限値 $\Delta z_{\mathrm{u}i}$ で標準化されることにより，座標軸上での各許容上限値が 1，それを外接する円の半径が $\sqrt{2}$ になるためである

ⅱ) ロバスト最適化

本手法では，図 4.16 に示すような手順でロバスト最適化を行う．まず，式 (4.32) の最小化問題に対していくつかの解候補を導出する．なお，この段階では式中の最短

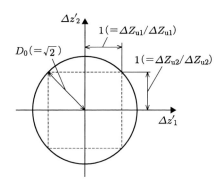

図 4.15　原点から許容領域の境界までの最短距離の下限値

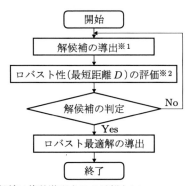

※1 解候補は複数導出するのが望ましい.
※2 ヒューリスティック手法を用いて算出することにより,
　　目的関数が微分不可能な設計問題にも対応できる.

図 4.16　Gunawan らの手法におけるロバスト最適化の手順

距離 D は評価しない. つぎに, 式 (4.30) または式 (4.31) の最小化問題に対して最適化法を用いて最短距離 D を導出する. ここで, 両方の最適化法は, 制約条件付きの単目的最適化法であればどれでもよいとされているが, 本手法の文献[12] においては, 不連続 (微分不可能) な目的関数と大域的な解探索を行うため, ヒューリスティック手法が用いられている. 最後に, 導出した最短距離 D が設計者の定める許容値 D_0 以上であれば, 式 (4.32) から導出した解候補をロバスト最適解とする.

4.2.3　因子のばらつきの分布を用いる手法

(1) 因子のばらつきの平均値と標準偏差を用いる手法 (Ramakrishnan らの手法)[14, 15]

【概要】

本手法は, 因子のばらつきの平均値, 標準偏差, および目的関数の微分値を用いて算出した, 目標特性のばらつきの標準偏差を最小化するロバスト最適解を導出する手法である. そのため, 本手法の特徴・適用条件は以下のようになる.

・微分可能な目的関数を想定する.
・因子のばらつきは正規分布を想定する (因子のばらつきの分布を想定する).

【解説】

本手法の手順を以下に示す.

i) ロバストモデリング

本手法では，まず，各因子のばらつきの平均値まわりで**テイラー展開** (Taylor series expansion) を行い，3 次以降の項を省略して目的関数を次式のように近似する．

$$
\begin{aligned}
f(\boldsymbol{x};\boldsymbol{z}) \approx & f(\boldsymbol{\mu}_x;\boldsymbol{\mu}_z) + \sum_{i=1}^{n}\left(\left.\frac{\partial f}{\partial x_i}\right|_{\boldsymbol{\mu}_x,\boldsymbol{\mu}_z}\right)(x_i - \mu_{x_i}) \\
& + \sum_{i=1}^{m}\left(\left.\frac{\partial f}{\partial z_i}\right|_{\boldsymbol{\mu}_x,\boldsymbol{\mu}_z}\right)(z_i - \mu_{z_i}) \\
& + \frac{1}{2}\sum_{i=1}^{n}\sum_{j=1}^{n}\left(\left.\frac{\partial^2 f}{\partial x_i \partial x_j}\right|_{\boldsymbol{\mu}_x,\boldsymbol{\mu}_z}\right)(x_i - \mu_{x_i})(x_j - \mu_{x_j}) \\
& + \frac{1}{2}\sum_{i=1}^{m}\sum_{j=1}^{m}\left(\left.\frac{\partial^2 f}{\partial z_i \partial z_j}\right|_{\boldsymbol{\mu}_z,\boldsymbol{\mu}_z}\right)(z_i - \mu_{z_i})(z_j - \mu_{z_j})
\end{aligned}
\tag{4.33}
$$

ここで，$\boldsymbol{\mu}_x = \{\mu_{x1},\mu_{x2},\ldots,\mu_{xn}\}^{\mathrm{T}}$ は制御因子の平均値のベクトル，$\boldsymbol{\mu}_z = \{\mu_{z1}, \mu_{z2},\ldots,\mu_{zm}\}^{\mathrm{T}}$ は誤差因子の平均値のベクトルを表す．よって，$f(\boldsymbol{x};\boldsymbol{z})$ の期待値は次式のようになる．

$$
\begin{aligned}
E[f(\boldsymbol{x};\boldsymbol{z})] = & f(\boldsymbol{\mu}_x;\boldsymbol{\mu}_z) + \sum_{i=1}^{n}\left(\left.\frac{\partial f}{\partial x_i}\right|_{\boldsymbol{\mu}_x,\boldsymbol{\mu}_z}\right)(E[x_i] - \mu_{x_i}) \\
& + \sum_{i=1}^{m}\left(\left.\frac{\partial f}{\partial z_i}\right|_{\boldsymbol{\mu}_x,\boldsymbol{\mu}_z}\right)(E[z_i] - \mu_{z_i}) \\
& + \frac{1}{2}\sum_{i=1}^{n}\sum_{j=1}^{n}\left(\left.\frac{\partial^2 f}{\partial x_i \partial x_j}\right|_{\boldsymbol{\mu}_x,\boldsymbol{\mu}_z}\right)E[(x_i - \mu_{x_i})(x_j - \mu_{x_j})] \\
& + \frac{1}{2}\sum_{i=1}^{m}\sum_{j=1}^{m}\left(\left.\frac{\partial^2 f}{\partial z_i \partial z_j}\right|_{\boldsymbol{\mu}_x,\boldsymbol{\mu}_z}\right)E[(z_i - \mu_{z_i})(z_j - \mu_{z_j})] \\
= & f(\boldsymbol{\mu}_x;\boldsymbol{\mu}_z) + \frac{1}{2}\sum_{i=1}^{n}\sum_{j=1}^{n}\left(\left.\frac{\partial^2 f}{\partial x_i \partial x_j}\right|_{\boldsymbol{\mu}_x,\boldsymbol{\mu}_z}\right)E[(x_i - \mu_{x_i})(x_j - \mu_{x_j})] \\
& + \frac{1}{2}\sum_{i=1}^{m}\sum_{j=1}^{m}\left(\left.\frac{\partial^2 f}{\partial z_i \partial z_j}\right|_{\boldsymbol{\mu}_x,\boldsymbol{\mu}_z}\right)E[(z_i - \mu_{z_i})(z_j - \mu_{z_j})]
\end{aligned}
\tag{4.34}
$$

式 (4.34) の第 2 項と第 3 項を，次式で表す因子の分散と共分散を用いて変形する．

$$E[(x_i - \mu_{x_i})(x_j - \mu_{x_j})] = \sigma_{x_i}{}^2 \quad (i = j) \tag{4.35}$$

$$E[(z_i - \mu_{z_i})(z_j - \mu_{z_j})] = \sigma_{z_i}{}^2 \quad (i = j) \tag{4.36}$$

$$E[(x_i - \mu_{x_i})(x_j - \mu_{x_j})] = \mathrm{Cov}(x_i, x_j) \quad (i \neq j) \tag{4.37}$$

$$E[(z_i - \mu_{z_i})(z_j - \mu_{z_j})] = \mathrm{Cov}(z_i, z_j) \quad (i \neq j) \tag{4.38}$$

ここで，$\sigma_x{}^2$，$\sigma_z{}^2$ は制御因子および誤差因子の分散を表し，$\mathrm{Cov}(x_i, x_j)$，$\mathrm{Cov}(z_i, z_j)$ は x_i と x_j および z_i と z_j の共分散を表す．さらに，各因子のばらつきが独立であると仮定すると，各共分散 $\mathrm{Cov}(x_i, x_j)$，$\mathrm{Cov}(z_i, z_j)$ が 0 となるため，式 (4.34) の第 2 項と第 3 項の期待値の部分は，次式のように変形できる．

$$\sum_{i=1}^{n}\sum_{j=1}^{n} E[(x_i - \mu_{x_i})(x_j - \mu_{x_j})] = \sum_{i=1}^{n} E[(x_i - \mu_{x_i})^2] = \sum_{i=1}^{n} \sigma_{x_i}{}^2 \tag{4.39}$$

$$\sum_{i=1}^{m}\sum_{j=1}^{m} E[(z_i - \mu_{z_i})(z_j - \mu_{z_j})] = \sum_{i=1}^{m} E[(z_i - \mu_{z_i})^2] = \sum_{i=1}^{m} \sigma_{z_i}{}^2 \tag{4.40}$$

以上のことから，目標特性の平均値は次式のように算出できる．

$$\mu_y = E[f(\boldsymbol{x}; \boldsymbol{z})]$$
$$= f(\boldsymbol{\mu}_x; \boldsymbol{\mu}_z) + \frac{1}{2}\sum_{i=1}^{n}\left(\left.\frac{\partial^2 f}{\partial x_i{}^2}\right|_{\boldsymbol{\mu}_x, \boldsymbol{\mu}_z}\right)\sigma_{x_i}{}^2 + \frac{1}{2}\sum_{i=1}^{m}\left(\left.\frac{\partial^2 f}{\partial z_i{}^2}\right|_{\boldsymbol{\mu}_x, \boldsymbol{\mu}_z}\right)\sigma_{z_i}{}^2$$
$$\tag{4.41}$$

また，目標特性の分散は，式 (4.34) と (4.41) を用いて次式のように算出できる．

$$\sigma_y{}^2 = E\big[f(\boldsymbol{x}; \boldsymbol{z}) - E\{f(\boldsymbol{x}; \boldsymbol{z})\}\big]^2$$
$$= \sum_{i=1}^{n}\left(\left.\frac{\partial f}{\partial x_i}\right|_{\boldsymbol{\mu}_x, \boldsymbol{\mu}_z}\right)^2\sigma_{x_i}{}^2 + \sum_{i=1}^{m}\left(\left.\frac{\partial f}{\partial z_i}\right|_{\boldsymbol{\mu}_x, \boldsymbol{\mu}_z}\right)^2\sigma_{z_i}{}^2 \tag{4.42}$$

以上により，本手法では，目標特性の期待値（平均値）が許容範囲を満たすことを条件に，目標特性の標準偏差を最小化する単目的最適化問題として次式のようにロバストモデリングを行う．なお，次式は，目標特性が望目特性である場合のロバストモデリングである．

$$\text{minimize} \quad \sigma_y{}^2 = \sum_{i=1}^{n}\left(\left.\frac{\partial f}{\partial x_i}\right|_{\boldsymbol{\mu}_x, \boldsymbol{\mu}_z}\right)^2\sigma_{x_i}{}^2 + \sum_{i=1}^{m}\left(\left.\frac{\partial f}{\partial z_i}\right|_{\boldsymbol{\mu}_x, \boldsymbol{\mu}_z}\right)^2\sigma_{z_i}{}^2 \tag{4.43}$$

$$\text{subject to} \quad \mu_{yl} \leq \mu_y \leq \mu_{yu} \tag{4.44}$$

ここで，μ_{yl} と μ_{yu} は，目標特性の期待値（平均値）の許容上・下限値であり，設計者

により定められる．また，本手法においては，設計者が制御因子のばらつきの大きさ
を設定できると想定し，同設定も含んだロバストモデリングも提案されているが，そ
の詳細の説明は省略する．

ⅱ）ロバスト最適化

本手法の文献[14, 15] では，後述する Parkinson らの手法 (2) (p. 99 参照) を用いて
ロバストモデリングされた制約条件を追加し，**許容（可能）方向法** (feasible direction
method)[11] という最適化法を用いてロバスト最適化を行う．許容方向法は，制約条
件のある最小化問題において，目標特性が減少する方向（有効方向）と制約条件を満
たす方向（許容方向）の双方を考慮して得られた方向に対して解探索を行い最適解を
導出する方法である．

本手法により導出されたロバスト最適解は，図 4.17 に示すように，目標特性分布の
平均値を目標値 y_τ に近づけることで導出する最適解とは異なり，目標特性の平均値
（中央値）が目標値からある程度（許容範囲内で）離れるものの，目標特性のばらつき
の小さい設計解となる．

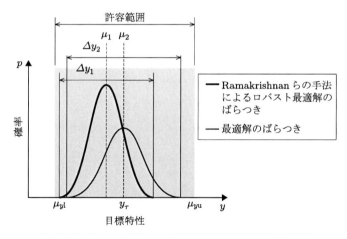

図 4.17 Ramakrishnan らの手法によるロバスト最適解

(2) 目的関数の確率分布を用いる手法 (Eggert らの手法)[16, 18]
【概要】

本手法は，Ramakrishnan らの手法 (p. 86 参照) と同様に算出した目標特性のばら
つきの平均値と標準偏差を用いて，目標特性が許容範囲を満たす確率を算出し，同確
率を最大化するロバスト最適解を導出する手法である．本手法は，目標特性の確率密
度関数を想定することで，正規分布や一様分布以外の目標特性のロバスト性も適切に

評価できる．しかし，目標特性の確率分布（確率密度関数）が未知である多くの設計問題では，確率密度関数の選定と**モンテカルロ法** (Monte Carlo method)[20]による整合性の確認を繰り返し行う必要があるため，計算量が増加する．そのため，本手法の特徴・適用条件は以下のようになる．

・微分可能な目的関数を想定する．
・因子のばらつきは正規分布を想定する（因子のばらつきの分布を想定する）．
・目標特性のばらつきの分布型を想定する（分布型は設計者が設定する）．

　本手法は，ある特性が許容範囲を満たす確率によりロバスト性を評価するものであり，どちらかというと，目標特性ではなく制約特性のロバスト性を評価する手法ともいえる．しかし，他の手法の指標であるばらつきの大きさを目標特性とするよりも，製品製造過程での歩留まり率の予測値を目標特性とすることが有用であるように，実際の設計業務において，上記確率は目標特性とすべき有用な指標と考えられる．このため，本書では，本手法を目的関数を用いる手法と制約関数を用いる手法の両者に包含している．

【解説】
本手法の手順を以下に示す．

i) ロバストモデリング

　本手法では，まず，Ramakrishnan らの手法と同様に，各因子のばらつきが独立であると仮定することにより，テイラー展開を用いて目標特性の平均値 μ_y と分散 $\sigma_y{}^2$ を次式のように算出する．

$$\mu_y = f(\boldsymbol{\mu}_x; \boldsymbol{\mu}_z) + \frac{1}{2}\sum_{i=1}^{n}\left(\frac{\partial^2 f}{\partial x_i{}^2}\bigg|_{\boldsymbol{\mu}_x,\boldsymbol{\mu}_z}\right)\sigma_{x_i}{}^2 + \frac{1}{2}\sum_{i=1}^{m}\left(\frac{\partial^2 f}{\partial z_i{}^2}\bigg|_{\boldsymbol{\mu}_x,\boldsymbol{\mu}_z}\right)\sigma_{z_i}{}^2 \tag{4.45}$$

$$\sigma_y{}^2 = \sum_{i=1}^{n}\left(\frac{\partial f}{\partial x_i}\bigg|_{\boldsymbol{\mu}_x,\boldsymbol{\mu}_z}\right)^2\sigma_{x_i}{}^2 + \sum_{i=1}^{m}\left(\frac{\partial f}{\partial z_i}\bigg|_{\boldsymbol{\mu}_x,\boldsymbol{\mu}_z}\right)^2\sigma_{z_i}{}^2 \tag{4.46}$$

つぎに，目標特性のばらつきの確率密度関数（分布型）を設計者が想定し，算出した平均値と標準偏差を同関数に代入することにより，目標特性が許容範囲内に収まる確率を算出する．たとえば，目標特性が正規分布であると仮定すると，目標特性が許容範囲内に収まる確率は次式のように算出できる．

---

[20] 多数の乱数を用いて代数的に確率を算出する方法．モンテカルロ法の使用例として，ばらつきを有する因子に乱数を繰り返し代入し，得られた目標特性の値の平均値を求めることにより，目標特性の期待値を推定することが挙げられる．

$$P(y_\mathrm{l} \leq f(\boldsymbol{x}; \boldsymbol{z}) \leq y_\mathrm{u}) = P(a_\mathrm{l} \leq a \leq a_\mathrm{u}) = \int_{a_\mathrm{l}}^{a_\mathrm{u}} \frac{1}{\sqrt{2}} \exp\left(-\frac{a^2}{2}\right) da$$

$$\left(a = -\frac{f(\boldsymbol{x}; \boldsymbol{z}) - \mu_y}{\sigma_y}, \quad a_\mathrm{l} = -\frac{y_\mathrm{l} - \mu_y}{\sigma_y}, \quad a_\mathrm{u} = -\frac{y_\mathrm{u} - \mu_y}{\sigma_y}\right) \tag{4.47}$$

以上のことから，本手法では，許容範囲を満たす確率 P の最大化問題として，次式のようにロバストモデリングを行う．

$$\text{maximize} \quad P \tag{4.48}$$

ii）ロバスト最適化

本手法では，図 4.18 に示すアルゴリズムでロバスト最適化を行う．まず，次式のような最小化問題に関する解候補を導出する．

$$\text{minimize} \quad \alpha\mu_y + (1-\alpha)\sigma_y \quad (0 \leq \alpha \leq 1) \tag{4.49}$$

ここで，式 (4.49) は望小特性の目標特性を想定しており，望目特性の場合は平均値と目標値の差の絶対値などを評価関数として設定する必要がある．また，α は目標特性の平均値と標準偏差における重みであり，設計者が設定する．本手法の文献[18] では逐次二次計画法[11] が用いられているが，ほかの最適化法も適用可能である．

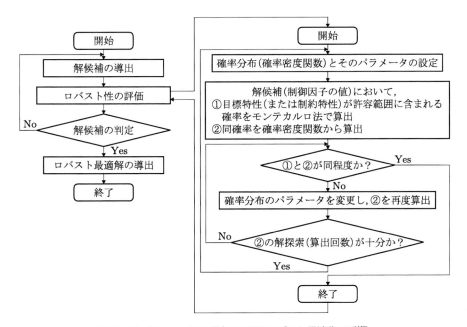

図 4.18 Eggert らの手法におけるロバスト最適化の手順

　つぎに，導出した解候補に対する目標特性分布を，設計者が設定する．同分布の例として，一様分布，正規分布，**対数正規分布** (log-normal distribution)，**ガンマ分布** (gamma distribution)，および**ワイブル分布** (Weibull distribution) などが挙げられる．本手法の文献[18] では，確率密度関数のパラメータにより分布形状が多様に変化するガンマ分布 (図 4.19) を用いたロバスト最適化が紹介されている．本ロバスト最適化においては，設定したガンマ分布から式 (4.48) の確率を算出するとともに，解候補においてランダムに多数発生させた因子のばらつきの各値を用いて，式 (4.48) の確率をモンテカルロ法により算出する．そして，算出した両確率がほぼ一致するまで，**黄金分割法** (golden section method)[11] を用いてガンマ分布のパラメータを更新（分布形状を変化）させる．以上のことを，十分なロバスト性を確保する解候補を導出するまで繰り返すことにより，ロバスト最適解を導出する．

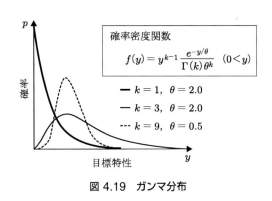

図 4.19　ガンマ分布

4.3　制約関数を用いるロバストデザイン法の例

　本項では，制約関数を用いるロバストデザイン法の概要について述べた後に，代表的な手法を紹介する．なお，本節で挙げる各手法の記述は，他の手法と比較しやすくするため，ほかの書籍や文献とは異なる式で表現している場合があるので注意されたい．

4.3.1　制約関数を用いるロバストデザイン法の概要

　複数の制約条件を有する設計問題の最適解は，一般的に制約関数のグラフの交点（各制約条件の許容限界）に存在する．このため，図 4.20 のように，因子のばらつきにともなって最適解がばらついた場合，**実行可能領域** (feasible area)[†21] から逸脱すること

---

†21　制約条件を満たす制御因子の領域.

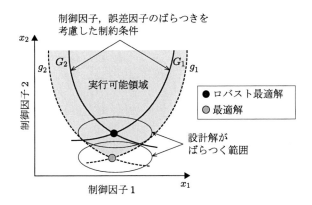

図 4.20 制約関数を用いるロバストデザイン法の概念

がある．そこで，あらかじめ因子のばらつきを考慮した厳しい制約条件を設定し，因子がばらついても実行可能領域を逸脱しないロバストな設計解を導出する必要がある．

制約関数を用いる手法は，制御因子および誤差因子のばらつきから制約関数の値である制約特性のばらつきを算出し，そのばらつきを見込んだ制約条件として制約関数のロバストモデリングを行う．次式に制約関数のロバストモデリングの例を示す．

$$\text{subject to} \quad g_j(\boldsymbol{x}; \boldsymbol{z}) \leq 0 \mid \forall \boldsymbol{x}, \boldsymbol{z} \in C(\boldsymbol{x}, \boldsymbol{z})$$

$$\left(C(\boldsymbol{x}, \boldsymbol{z}) = \begin{cases} \boldsymbol{x} : \boldsymbol{x} \in S \mid |\boldsymbol{x} - \boldsymbol{x}^*| \leq \Delta \boldsymbol{x} \\ \boldsymbol{z} : \boldsymbol{z} \in S \mid |\boldsymbol{z} - \boldsymbol{z}^*| \leq \Delta \boldsymbol{x} \end{cases} \right) \tag{4.50}$$

式 (4.50) は，制御因子 $\boldsymbol{x}$ および誤差因子 $\boldsymbol{z}$ が，それらの公称値 $\boldsymbol{x}^*$, $\boldsymbol{z}^*$ から $\Delta \boldsymbol{x}$, $\Delta \boldsymbol{z}$ だけばらつくことを想定した因子の組合せ $C(\boldsymbol{x}, \boldsymbol{z})$ において，制約条件 $g_j(\boldsymbol{x}; \boldsymbol{z}) \leq 0$ が満たされることを表している．

制約関数を用いる手法は数多く提案されている．以下に，制約関数を用いる代表的な手法について説明する．

4.3.2 因子のばらつきの範囲を用いる手法

(1) 因子のばらつきの最大・最小値を用いる手法 (Sundaresan らの手法)[19]
【概要】

本手法は，制約関数が単調増加・減少すると想定し，各因子におけるばらつきの最大・最小値の全組合せが元の制約条件を満足するような制約条件を設定する手法である．そのため，本手法の特徴・適用条件は以下のようになる．

・微分可能および微分不可能な制約関数を想定する（ただし，単調増加または単調減少する制約関数を想定する[22]）．
・因子のばらつきの最大・最小値を用いる（因子のばらつきの範囲を考慮する）．

【解説】
本手法の手順を以下に示す．

i）ロバストモデリング
本手法では，因子のばらつきにおける最大・最小値の組合せ $C(\boldsymbol{x}, \boldsymbol{z})$ を次式のように表す．

$$C(\boldsymbol{x}, \boldsymbol{z}) = \begin{cases} \boldsymbol{x}: \boldsymbol{x} \in S \mid \boldsymbol{x} = \boldsymbol{x}_1,\ \boldsymbol{x} = \boldsymbol{x}_\mathrm{u} \\ \boldsymbol{z}: \boldsymbol{z} \in S \mid \boldsymbol{z} = \boldsymbol{z}_1,\ \boldsymbol{z} = \boldsymbol{z}_\mathrm{u} \end{cases} \tag{4.51}$$

本手法では，式 (4.51) を用いて，次式のようにロバストモデリングを行う．

$$\text{subject to}\quad g_j(\boldsymbol{x}; \boldsymbol{z}) \le 0 \quad (\boldsymbol{x}, \boldsymbol{z} \in C(\boldsymbol{x}, \boldsymbol{z})) \tag{4.52}$$

ここで，式 (4.52) は，各因子における最大のばらつきの全組合せが，元の制約条件を満足すること（図 4.21）を意味している．

ii）ロバスト最適化
本手法の解探索は，ヒューリスティック手法を用いて解を更新するたびに，式 (4.52) が満たされているか逐次確認しながら行われる．その回数は，ばらつきを有する因子の数が n 個の場合，解更新のたびに 2^n 回となり，因子の数に対して計算量が増大する．このため，本手法においては，制約条件や因子の数が少ない設計問題への適用が

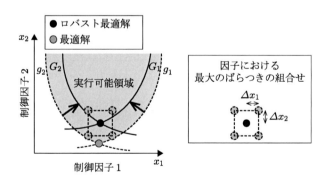

図 4.21　Sundaresan らの手法によるロバスト最適解 $(n = 2)$

---

[22] 単調でないと因子におけるばらつきの最大値・最小値の組合せ以外の部分が制約条件から逸脱することがあるため．

推奨されている．一方で，制約条件や因子の数が多い場合には，直交表を利用することも推奨されている．このような短所がある一方で，目的関数の微分値を必要としないことは一つの利点といえる．

(2) 因子のばらつきの大きさを用いる手法 (Parkinson らの手法 (1))[20–22]
【概要】

本手法においては，因子のばらつきが最大となる条件においても，設計解が実行可能領域を満足するように制約条件を設定する．具体的には，因子のばらつきの大きさと制約関数の微分値を用いて算出した，制約特性のばらつきの大きさ分だけ厳しい制約条件を設定する．そのため，本手法の特徴・適用条件は以下のようになる．

・微分可能な制約関数を想定する．
・因子のばらつきの大きさを用いる（因子のばらつきの範囲を考慮する）．

本手法を提案した Parkinson らは，因子のばらつきを，本手法のようにばらつきの範囲を考慮するものと，ばらつきの分布を考慮するもの (Parkinson らの手法 (2) (p. 99 参照)) に分類し，各ばらつきにともなう制約特性のばらつきが実行可能領域を逸脱しない（ロバスト性の高い設計解を導出するための）制約条件 (図 4.22) を提案している．なお，各因子のばらつきがすべて最大となる状況はほとんど起こらないため，ばらつきの範囲を用いる手法は，ばらつきの分布を用いる手法よりも厳しい制約条件を与える[†23]．一方で，ばらつきの分布を用いる手法を採用する場合には，ばらつきが実行可能領域を逸脱する場合があるため，その対策（たとえば，不具合品を取り除くた

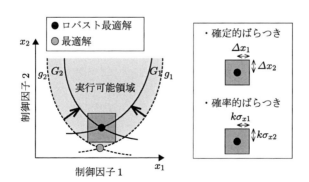

図 4.22 Parkinson らの手法によるロバスト最適解

---

†23 因子のばらつきの分布を用いる手法において，パラメータ k を大きく設定することにより，厳しい制約条件を設定することもできる (詳細は，Parkinson らの手法 (2) (p. 99) を参照).

めの検査）が必要となる．

【解説】

本手法の手順を以下に示す．

ⅰ) ロバストモデリング

本手法では，与えられた制約条件を，制約特性におけるばらつきの最大値分だけ厳しくなるように，次式のようなロバストモデリングを行う．

$$\text{subject to} \quad g_j(\boldsymbol{x}; \boldsymbol{z}) + \Delta c_j \le 0 \tag{4.53}$$

ここで，Δc_j は制御因子および誤差因子のばらつきにともなう制約特性のばらつきの最大値を表している．この値は，因子のばらつきが小さいこと（制約関数が線形近似可能であること）を仮定することにより，テイラー展開を用いて次式のように近似される．

$$\Delta c_j \approx \sum_{i=1}^{n} \left| \frac{\partial g_j}{\partial x_i} \Delta x_i \right| + \sum_{i=1}^{m} \left| \frac{\partial g_j}{\partial z_i} \Delta z_i \right| \tag{4.54}$$

なお，制約関数の非線形性を考慮するため，関数の 2 階微分を用いることも提案されている[21] が，本書ではその詳細は省略する．

ⅱ) ロバスト最適化

本手法のロバスト最適化は，この後に述べる Parkinson らの手法 (2) と同様であるため，同手法の説明を参照されたい．

(3) ファジィ数を用いる手法 (Arakawa・Yamakawa らの手法)[6–9]

【概要】

本手法は，前項で述べた Arakawa・Yamakawa らの手法 (p. 75 参照) と同様に，因子のばらつきを左右非対称に表現した LR ファジィ数に，制約関数の微分値を乗じて算出した，制約特性のばらつきの大きさ分だけ厳しい制約条件を設定する手法である．そのため，本手法の特徴・適用条件は以下のようになる．

・微分可能な制約関数を想定する．
・因子のばらつきの最大・最小値を用いる（因子のばらつきの範囲を想定する）．
・左右非対称な因子のばらつきを想定する．

【解説】

本手法の手順を以下に示す．

ⅰ) ロバストモデリング

本手法では，因子とそのばらつきを LR ファジィ数で表す．LR ファジィ数とは，ある基準値において左 (Left) と右 (Right) で異なるメンバーシップ関数が定義されるファジィ数のことであり，詳細の説明は前項の Arakawa・Yamakawa らの手法を参照されたい．本手法では，LR ファジィ数を用いて次式のようにロバストモデリングを行う．

$$\text{subject to} \quad g_j(\boldsymbol{x}; \boldsymbol{z}) - c_{ja} \leq 0 \tag{4.55}$$

$$\text{subject to} \quad g_j(\boldsymbol{x}; \boldsymbol{z}) - c_{ja} + \sum_{i \in \frac{\partial g}{\partial x_i} > 0} \frac{\partial g}{\partial x_i} x_i^{\text{R}} - \sum_{i \in \frac{\partial g}{\partial x_i} < 0} \frac{\partial g}{\partial x_i} x_i^{\text{L}}$$

$$+ \sum_{i \in \frac{\partial g}{\partial z_i} > 0} \frac{\partial g}{\partial z_i} z_i^{\text{R}} - \sum_{i \in \frac{\partial g}{\partial z_i} < 0} \frac{\partial g}{\partial z_i} z_i^{\text{L}} - c_{ja}^{\text{R}} \leq 0 \tag{4.56}$$

ここで，c_{ja} は設計者により定められる制約特性の許容値，上付き文字の L や R は，LR ファジィ数におけるパラメータを表している．まず，式 (4.55) は，ばらつきを考慮する以前の（元の）制約条件を表している．元の制約条件は，Sundaresan らの手法 (p. 93 参照) と同様に，ばらつきを考慮した制約条件より緩くなるため，一般的に省略される．しかし，本手法においては，式 (4.55) における制約条件の許容値 c_{ja} がばらつくことを想定している（式 (4.56) の第 7 項）ため，元の制約条件は省略していない．この詳細に関しては，式 (4.56) の説明の後に述べる．

式 (4.56) は，元の制約条件に，LR ファジィ数を用いて表した制御因子，誤差因子，および制約条件の許容値のばらつきを加えた制約条件である．具体的には，第 3 項から第 6 項において，制御因子および誤差因子のばらつきにともなう制約特性のばらつきが表され，第 7 項において，制約条件の許容値のばらつきが表されている．前者のばらつきは，Sundaresan らの手法において用いられたものと同様であるが，後者のばらつきはそれとは異なり，制約条件が緩くなるように作用している．これは，本手法においては，元の制約条件がかなり厳しく設定されていることから，制約をある程度破ってもよい制約条件が想定されているためである．ここで，式 (4.56) のみを用いた場合，図 4.23 (a) のように，因子の公称値さえも元の制約条件を満たさない可能性がある．このため，本手法の制約条件においては，式 (4.55) を省略せずに残すことで，図 4.23 (b) のように，実行可能領域を大きく逸脱しないようにしている．

本書における制約条件は，Sundaresan らの手法や Parkinson らの手法 (1) (p. 95 参照) などにおける定義と同様に，「制約を破ることが許されない制約条件」としている．このような制約条件に関する定義の違いは，各手法を比較するうえで望ましくな

いため，本書では，式 (4.55) と (4.56) の制約条件を，次式のように書き直しておく．

$$\text{subject to} \quad g_j(\boldsymbol{x}; \boldsymbol{z}) + \sum_{i \in \frac{\partial g}{\partial x_i} > 0} \frac{\partial g}{\partial x_i} x_i^{\mathrm{R}} - \sum_{i \in \frac{\partial g}{\partial x_i} < 0} \frac{\partial g}{\partial x_i} x_i^{\mathrm{L}}$$

$$+ \sum_{i \in \frac{\partial g}{\partial z_i} > 0} \frac{\partial g}{\partial z_i} z_i^{\mathrm{R}} - \sum_{i \in \frac{\partial g}{\partial z_i} < 0} \frac{\partial g}{\partial z_i} z_i^{\mathrm{L}} \leq 0 \qquad (4.57)$$

式 (4.57) より，本手法における制約条件は，図 4.24 のように，LR ファジィ数を用いて表された左右非対称のばらつきの大きさ分だけ厳しく設定される．

なお，近年の研究[9] において，制御因子間の相関性を考慮した手法も提案されているが，本手法は，設計者が制御因子のばらつきの大きさ（公差）を設定できることを想定し，同ばらつきの最大化を目的とするものであり，本書で紹介する多くの手法の想定と異なるため，詳細は省略することとする．

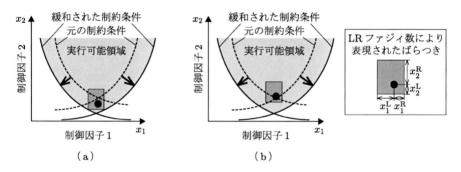

図 4.23　Arakawa・Yamakawa らの手法における制約条件の緩和

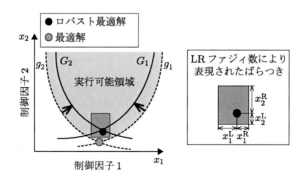

図 4.24　Arakawa・Yamakawa らの手法によるロバスト最適解

ii) ロバスト最適化

本手法におけるロバスト最適化は，式 (4.57) の制約関数と，前項の Arakawa・Yamakawa らの手法で述べた式 (4.17)〜(4.19) の目的関数式を用いて行われる．すなわち，式 (4.57) の制約関数により定義された実行可能領域内で，多目的最適化を行うこととなる．本手法の文献[7] では，**重み係数法** (weighting method) により複数の目的関数を評価し，傾斜投影法によりロバスト最適解を導出している．

4.3.3 因子のばらつきの分布を用いる手法

(1) 因子の平均値と標準偏差を用いる手法 (Parkinson らの手法 (2))[20–22]
【概要】

本手法においては，制御因子や誤差因子におけるばらつきの標準偏差を用いて算出した制約特性が，もとの制約条件を満足する制約条件を設定する．具体的には，標準偏差と後述するパラメータ k の積と制約関数の微分値を用いて算出した，制約特性のばらつきの大きさ分だけ厳しい制約条件を設定する．そのため，本手法の特徴・適用条件は以下のようになる．

・微分可能な制約関数を想定する．
・因子のばらつきは正規分布を想定する（因子のばらつきの分布を考慮する）．

なお，本手法を提案した Parkinson らは，ばらつきの範囲を考慮した手法も提案しており，ばらつきの分布を考慮した本手法との違いも考察している．本内容については，Parkinson らの手法 (1) (p. 95 参照) を参照されたい．

【解説】
本手法の手順を以下に示す．
i) ロバストモデリング

本手法では，図 4.22 (p. 95 参照) のように，与えられた制約条件が制約特性のばらつきの分だけ厳しくなるように，次式のようなロバストモデリングを行う．

$$\text{subject to} \quad g_j(\boldsymbol{x}; \boldsymbol{z}) + k\sigma_{c_j} \leq 0 \tag{4.58}$$

ここで，k は設計者により定められる係数であり，この値を大きく設定するほど制約条件は厳しくなる．言い換えれば，設計解が実行可能領域を満たす確率は大きくなる．同確率と係数 k の関係を表 4.1 に示す．なお，同表は，ばらつきの分布が正規分布で

表 4.1　デザイン解が実行可能領域を満たす確率（ばらつきが正規分布である場合）

パラメータ：k	実行可能領域を満たす確率（片側）	実行可能領域を満たす確率（両側）
1	0.8413	0.6826
2	0.9773	0.9544
3	0.9987	0.9974
4	0.9999	0.9999

あることを仮定している．また，σ_{c_j} は制御因子および誤差因子のばらつきにともなう制約特性の標準偏差を表しており，因子のばらつきが小さいこと（制約関数が線形近似可能であること）を仮定することにより，因子のばらつきの平均値におけるテイラー展開を用いて次式のように近似できる．

$$\sigma_{c_j}{}^2 \approx \sum_{i=1}^{n}\left(\frac{\partial g_j}{\partial x_i}\sigma_{x_i}\right)^2 + \sum_{i=1}^{m}\left(\frac{\partial g_j}{\partial z_i}\sigma_{z_i}\right)^2 \tag{4.59}$$

なお，制約関数の非線形性を考慮するため，関数の 2 階微分を用いることも提案されている[21] が，本書ではその詳細は省略する．また，制約関数が複数存在する場合には，設計解がそれらすべての制約条件を満たす確率を，表 4.1 に示した設計解が実行可能領域を満たす確率の積で近似している[†24]．たとえば，二つの制約条件に対してパラメータ k を 3 とした場合，$0.9987^2 = 0.9974$ となる．

ⅱ）ロバスト最適化

本手法と Parkinson らの手法 (1) では，効率的にロバスト最適化を行うために 2 段階の最適化を行う．第 1 段階では，ばらつきを考慮しないで（元の制約条件を用いて）いくつかの最適解を導出する．これは，ばらつきを考慮したロバスト最適解が，ばらつきを考慮しない最適解の近くに存在することを仮定するためである．第 2 段階では，導出された解候補において，式 (4.54) または (4.59) を用いて因子のばらつきを算出し，それを加えた制約関数（式 (4.53) または (4.58)）で再度最適化する．ここで，第 2 段階での解探索においては，計算量低減のため，因子のばらつきの値が一定である，すなわち，第 1 段階で導出した最適解におけるばらつきと同じであると仮定する．なお，最適化法としては，制約条件のある非線形計画問題に有効な逐次二次計画法の利用が推奨されている．

本手法の文献[20] のなかで，ばらつきの大きさとコストのトレードオフ問題を考慮する方法についても言及されているので，興味のある方は参照されたい．

[†24]　この近似は，各因子のばらつきが独立である場合にのみ成り立つため，ばらつきに従属関係がある場合には誤差が生じる可能性がある．これに対して Parkinson らは，パラメータ k の値を 3 以上にすると，上述した誤差が大きく低減されることを実験により確認し，k の値を 3 以上にすることを推奨している．

(2) 制約特性の確率分布を用いる手法[16–18] (Eggert らの手法)

【概要】

本手法においては，前項で紹介した目的関数を用いるロバストデザイン法の一つである Eggert らの手法 (p. 89 参照) と同様に，制約特性が許容範囲を満たす確率を算出し，その値が一定値以上となることを制約条件とする手法である．本手法は，制約特性の確率密度関数を想定することで，従来の正規分布や一様分布以外の制約特性のロバスト性を適切に評価できる．しかし，確率密度関数が未知である多くの設計問題では，確率密度関数の選定とモンテカルロ法による整合性の確認を繰り返し行う必要があるため，計算量が増加する．そのため，本手法の特徴・適用条件は以下のようになる．

・微分可能な制約関数を想定する．
・因子のばらつきは正規分布を想定する（因子のばらつきの分布を考慮する）．
・制約特性のばらつきの分布型を想定する（分布型は設計者が設定する）．

【解説】

本手法の手順を以下に示す．

i) ロバストモデリング

本手法では，まず，目的関数を用いるロバストデザイン法の一つである Ramakrishnan らの手法 (p. 86 参照) と同様に，各因子のばらつきが独立であると仮定することにより，テイラー展開を用いて制約特性の平均値 μ_c と分散 $\sigma_c{}^2$ を次式のように算出する．

$$\mu_c = g(\boldsymbol{\mu}_x; \boldsymbol{\mu}_z) + \frac{1}{2}\sum_{i=1}^{n}\left(\frac{\partial g}{\partial x_i{}^2}\bigg|_{\boldsymbol{\mu}_x,\boldsymbol{\mu}_z}\right)\sigma_{x_i}{}^2 + \frac{1}{2}\sum_{i=1}^{m}\left(\frac{\partial g}{\partial z_i{}^2}\bigg|_{\boldsymbol{\mu}_x,\boldsymbol{\mu}_z}\right)\sigma_{z_i}{}^2 \tag{4.60}$$

$$\sigma_c{}^2 = \sum_{i=1}^{n}\left(\frac{\partial g}{\partial x_i}\bigg|_{\boldsymbol{\mu}_x,\boldsymbol{\mu}_z}\right)\sigma_{x_i}{}^2 + \sum_{i=1}^{m}\left(\frac{\partial g}{\partial z_i}\bigg|_{\boldsymbol{\mu}_x,\boldsymbol{\mu}_z}\right)\sigma_{z_i}{}^2 \tag{4.61}$$

つぎに，制約特性のばらつきの確率密度関数（分布型）を仮定し，算出した平均値と標準偏差を同関数に代入することにより，制約特性が許容範囲内に収まる確率 P を算出する．ここで，制約関数が複数存在する場合，その確率は各制約関数における確率の積として次式のように表せる．

$$P = \prod_{j=1}^{l} P(g_j(x) \le 0) \tag{4.62}$$

ここで，l は制約関数の個数を表す．

　以上のことから，本手法では，許容範囲を満たす確率 P が許容下限値 P_1 を満たすことを条件として，次式のようにロバストモデリングを行う．

$$\text{subject to}\quad P > P_1 \tag{4.63}$$

ここで，P_1 は設計者が設定する．

ⅱ) ロバスト最適化

　ロバスト最適化に関しては，前項で述べた Eggert らの手法 (p. 89 参照) と同様であるため，同手法の説明を参照されたい．

4.4　設計事例

　本節では，シミュレーションを用いるロバストデザイン法を用いた設計事例について述べる．

(1) 設計対象

　本設計事例では，第2章で述べた椅子を設計対象とする．なお，本書では簡略化のため，椅子の評価特性を一つに絞っているが，実際の椅子の設計においては，クッション（座面）やシートバック（背もたれ）の圧力分布などの力学的な特性はもとより，大腿部の血流量や筋電図などの生理的な特性など，さまざまな特性を考慮する必要があるので注意されたい．

　本設計事例においては，多様な使用者にとって下腿部分に無理のない姿勢をとれる座面高さを決定することとした．座面高さは，使用者の下腿の状態を決定する重要な要因である．たとえば，座面高さが高すぎると図4.25 (a) のように，アンクルアングル（足首の角度）が小さくなるため，心地良い関節可動域を逸脱してしまう．また，体格の小さい使用者に関しては，足が地面から離れて大腿部が圧迫され，ロングフライト血栓症を引き起こすこともある．一方，座面高さが低すぎると図4.25 (b) のように，アンクルアングルが大きくなりすぎ，心地良い関節可動域を逸脱してしまう．そこで，本設計問題の目標は，適切なアンクルアングルを確保するための座面高さを決定することとした．アンクルアングルは，図4.26 のように簡易的にモデリングすることができる．以上のことから，本設計事例では，シミュレーションを用いるロバストデザイン法を適用した．

（a）座面が高すぎる場合

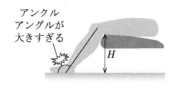

（b）座面が低すぎる場合

図 4.25　座面高さと下腿の状態

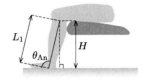

図 4.26　アンクルアングルと
座面高さの関係

(2) 適用手法

シミュレーションを用いるロバストデザイン法を選定するにあたり，本設計事例における目標特性と因子を以下のように明確化した．

・目標特性：アンクルアングル θ_{An}
・制御因子：座面高さ H
・誤差因子：使用者の下腿長 L_1

過去の研究[23, 24] によると，ヒトが快適に感じるアンクルアングルの範囲は，許容下限値 $\theta_{An1} = 95°$ から許容上限値 $\theta_{Anu} = 130°$ までとされている．そこで，本設計事例においては，アンクルアングルの目標値 $\theta_{An\tau}$ を，その許容範囲における中央値 (112.5°) と設定した．また，誤差因子である使用者の下腿長は大腿骨外側上顆から靴底までの長さとし，日本人の実測データ (平均値：0.43 m，標準偏差：0.024 m)[25] に靴底の高さ 0.03 m を加えた値とした．

本設計事例において，目的関数は微分可能であり（本内容に関しては後述する），目標特性と因子間の関係性は三角関数を含むことが考えられるため若干の非線形性があるものの，ほぼ線形であると考え，目標特性の分布型までは考慮しないこととした．また，因子は使用者の体格（下腿長）のみであり，体格は一般的に正規分布と想定される．以上のことから，本適用事例では，目的関数を用いるロバストデザイン法の選択フローチャート (p. 31 参照) により，Ramakrishnan らの手法 (p. 86 参照) を選定した (図 4.27)．

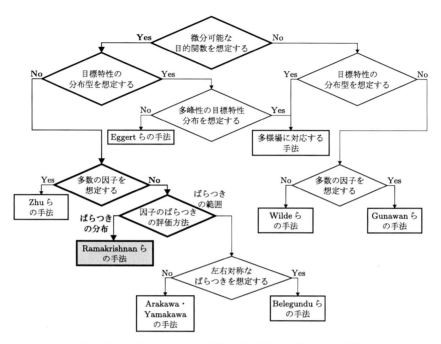

図 4.27 シミュレーションを用いるロバストデザイン法の選択

(3) 適用手順

i) モデリング

目標特性であるアンクルアングルは，図 4.26 より次式のようにモデリングされる．

$$\theta_{\mathrm{An}} = \sin^{-1}\left(\frac{H}{L_1}\right) \tag{4.64}$$

ii) リモデリング

Ramakrishnan らの手法は，制御因子および誤差因子の平均値と標準偏差と，目的関数の 1 階・2 階偏微分の値を用いてロバスト最適解を導出する．まず，誤差因子である下腿長の平均値と標準偏差は，前述したとおり 0.43 m および 0.024 m である．つぎに，目的関数の 1 階・2 階偏微分値は，次式のように表せる．

$$\frac{\partial \theta_{\mathrm{An}}}{\partial L_1} = \frac{1}{\sqrt{1 - (H/L_1)^2}}\left(-\frac{H}{L_1{}^2}\right) = -\frac{1}{\sqrt{L_1{}^4/H^2 - L_1{}^2}} \tag{4.65}$$

$$\frac{\partial^2 \theta_{\mathrm{An}}}{\partial L_1{}^2} = \frac{1}{(L_1{}^4/H^2 - L_1{}^2)^{\frac{3}{2}}}\left(\frac{4L_1{}^3}{H^2} - 2L_1\right) \tag{4.66}$$

以上のことから，Ramakrishnan らの手法におけるロバスト性評価指標（目標特性の分散と平均値）は次式のように表せる．

$$\sigma_y{}^2 = \left(\frac{\partial \theta_{\mathrm{An}}}{\partial L_1}\right)^2 \sigma_z{}^2 = \frac{\sigma_z{}^2}{L_1{}^4/H^2 - L_1{}^2} = \frac{0.024^2}{0.43^4/H^2 - 0.43^2} \tag{4.67}$$

$$\mu_y = f(\boldsymbol{\mu}_x, \boldsymbol{\mu}_z) + \frac{1}{2}\left(\frac{\partial^2 \theta_{\mathrm{An}}}{\partial L_1{}^2}\right)^2 \sigma_z{}^2$$

$$= \sin^{-1}\left(\frac{H}{L_1}\right) + \frac{\sigma_z{}^2}{2(L_1{}^4/H^2 - L_1{}^2)^{\frac{3}{2}}}\left(\frac{4L_1{}^3}{H^2} - 2L_1\right)$$

$$= \sin^{-1}\left(\frac{H}{0.43}\right) + \frac{0.024^2}{2(0.43^4/H^2 - 0.43^2)^{\frac{3}{2}}}\left(\frac{4(0.43)^2}{H^2} - 2(0.43)\right)$$

$$\tag{4.68}$$

ここで，Ramakrishnan らの手法においては，目標特性の平均値に対して許容範囲を設定する必要がある．本事例においては，90%以上の使用者が満足することを想定し，1.5σ(正規分布の片側確率で93%相当) が許容範囲内に収まるように，次式の許容範囲（許容上限および下限）を設定した．

$$\mu_{y_u} = \theta_{\mathrm{An}\tau} + (\theta_{\mathrm{An}u} - \theta_{\mathrm{An}\tau} - 1.5\sigma_y) \tag{4.69}$$

$$\mu_{y_l} = \theta_{\mathrm{An}\tau} - (\theta_{\mathrm{An}\tau} - \theta_{\mathrm{An}l} - 1.5\sigma_y) \tag{4.70}$$

　Ramakrishnan らの手法により導出したロバスト最適解 $H_{(\mathrm{Rama})}$ と，（因子のばらつきを考慮せず）因子の平均値から算出した目標特性と目標値の距離を最小化した最適解 $H_{(\mu)}$ を導出し，表 4.2 に示した．また，モンテカルロ法により各設計解における目標特性分布を図 4.28 のように導出し比較した．同図より，Ramakrishnan らの手法によるロバスト最適解は，最適解と比較して，平均値が目標値から少し遠ざかるものの，ばらつきの少ないロバストな設計解であることがわかる．

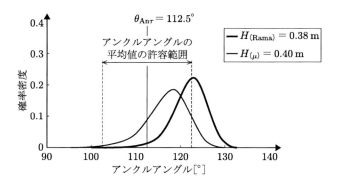

図 4.28　各設計解におけるアンクルアングルの分布

表 4.2 各設計解（椅子高さ）と評価指標の値

ロバスト性評価指標 設計解 [m]	Ramakrishnan の評価指標 (標準偏差の 2 乗の大きさ)	平均値 [°]
$H_{(\text{Rama})} = 0.38$	0.64	118
$H_{(\mu)} = 0.42$	1.15	112

参考文献

[1] 永田靖：入門 実験計画法，日科技連，2000

[2] D.J. Wilde: Monotonicity analysis of Taguchi's robust circuit design problem, *ASME DE*, 23-2, 75–80, 1990

[3] D.J. Wilde: Monotonicity Analysis of Taguchi's Robust Circuit Design Problem, *Transaction of the ASME Journal of Mechanical Design*, 114-4, 616–619, 1992

[4] A.D. Belegundu, S. Zhang: Robust mechanical design through minimum sensitivity, *ASME DE*, 119-2, 233–239, 1989

[5] A.D. Belegundu, S. Zhang: Robustness of design through minimum sensitivity, *Transaction of the ASME Journal of Mechanical Design*, 114-2, 213–217, 1992

[6] M. Arakawa, H. Yamakawa: A study on Optimum Design Using Fuzzy Numbers as Design Variables, *ASME DE*, 82, 463–470, 1998

[7] 荒川雅生，山川宏，萩原一郎：ファジィ数を用いたロバスト設計手法の検討，日本機械学会論文集 C，65，632，1601–1608，1999

[8] 荒川雅生，山川宏，石川浩：ファジィ数を用いたロバスト設計手法の検討第 2 報，日本機械学会論文集 C，67，653，192–200，2001

[9] 荒川雅生，山川宏：変数の相関性を考慮したロバスト設計，日本機械学会第 20 回設計工学・システム部門講演会 CD-ROM 論文集，92–95，2010

[10] 田中一男：応用をめざす人のためのファジィ理論入門，ラッセル社，2003

[11] 山川宏編：最適設計ハンドブック，朝倉書店，2003

[12] J. Zhu, K.-L. Ting: Performance distribution analysis and robust design, *Transaction of the ASME Journal of Mechanical Design*, 123, 11–17, 2001

[13] S. Gunawan, S. Azarm: Non-gradient based parameter sensitivity estimation for single objective robust design optimization, *Transaction of the ASME Journal of Mechanical Design*, 126, 3, 395–402 2004

[14] B. Ramakrishnan, S.S. Rao: An efficient strategy for the robust optimization of large scale nonlinear design problems, *ASME DE*, 69-2, 25–35, 1994

[15] B. Ramakrishnan, S.S. Rao: A general loss function based optimization procedure for robust design, *Eng Opt*, 25, 255–276, 1996

[16] R.J. Eggert: Quantifying design feasibility using probabilistic feasibility analysis, *ASME DE*, 32-1, 235–240, 1991

[17] R.J. Eggert, R.W. Mayne: Probabilistic optimal design using successive surrogate probability density functions, *ASME DE*, 23-1, 129–136, 1990

[18] R.J. Eggert, R.W. Mayne: Probabilistic optimal design using successive surrogate probability density functions, *Transaction of the ASME Journal of Mechanical Design*, 115-3, 385–391, 1993

[19] S. Sundaresan, K. Ishii, D.R. Houser: A robust optimization procedure with variations on design variables and constrains, *ASME DE*, 65-1, 379–386, 1993

[20] A. Parkinson, C. Sorensen, N. Pourhassan: A general approach for robust optimal design, *Transaction of the ASME Journal of Mechanical Design*, 115-1, 74–80, 1993

[21] G. Emch, A. Parkinson: Robust optimal design for worst-case tolerances, *Transaction of the ASME Journal of Mechanical Design*, 116-4, 1019–1025, 1994

[22] A. Parkinson: Robust mechanical design using engineering models, *Transaction of the ASME Journal of Mechanical Design*, 117B, 48–54, 1995

[23] Y. Matsuoka, T. Hanai: Study of Comfortable Sitting Posture, *SAE Tech Pap Ser* (Soc Automot Eng), SAE-880054, 1988

[24] Y. Matsuoka: Design of Automotive Passenger's Seat, *The Science of Design*, 48, 17–24, 2001

[25] 生命工学工業技術研究所編：設計のための人体寸法データ集，日本出版サービス，1996

第5章

多様場に対応する
ロバストデザイン法

第5章では，多様な場（使用環境，使用者など）に対して，つねに安定的な機能や品質を確保可能な新たなロバストデザイン法を解説する．この手法では，人工物がどの程度のロバスト性を有しているかを正確に判断することができることに加え，ロバスト性を高めるために，その人工物に調整機能（可変機構）を追加すべきか否か，追加する場合にはどの範囲を調整域とすれば効果的かを明らかにすることができる．

5.1　多様場に対応するロバストデザイン法の概要

　本節では，多様場に対応するロバストデザイン法の概要として，多様場の概念とそれに対応する手法の必要性と同法の手順について述べる．

5.1.1　多様場の概念とそれに対応するロバストデザイン法の必要性

(1) 多様場の概念

　人工物設計において設計者は，流行や社会情勢から法規やコストに至るまで，人工物（設計対象）にかかわるさまざまな要素を考慮する必要がある．設計論において，設計対象にかかわる要素および要素間の関係は場と称される．設計とは，図5.1に示すように，設計対象とそれを取り巻く場の関係性により生じる機能を最適化する行為である[1]．すなわち，場は，設計の際に考慮する要素群（要素および要素間の関係性）であり，設計者により定められる．

　従来の人工物設計は，産業革命以降の旺盛な需要に対応するため，平均的なヒトや限定的な環境などの，平均的な場（以下，平均場）を考慮して行われてきた．しかし，近年，使用者のニーズの多様化や市場のグローバル化にともない，考慮すべき場は多様化している．たとえば，椅子の設計においては，図5.2に示すように，かつては平均

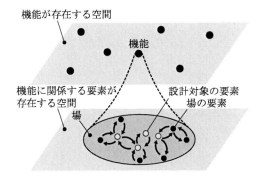

図 5.1　設計における場の概念図

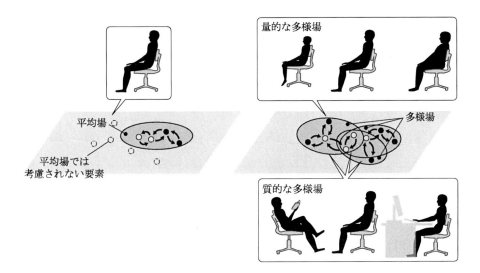

図 5.2　平均場と多様場

的な体格や着座姿勢を考慮した平均場において設計していたのに対して，近年では多
様な体格や着座姿勢を考慮した多様場を想定して設計することが多くなってきている.

　多様場 (diverse circumstance, diverse condition) は，前章までに述べた因子の量
的なばらつきと，目的関数（目標特性と因子の関係性）が変化する質的な多様性から
なる．前者は，前章までに述べた手法により対応できるものの，後者は，同手法によ
り対応することが難しい．たとえば，座面の体圧分布を分散させることで，使用者の
座り心地を向上させる[†1]椅子の設計を考えた場合，使用者の体格（身長や体重など）の

---

†1　着座時の座面の体圧分布が分散するほど，座り心地は向上するとされている.

ばらつきは体圧分布の量的なばらつきに影響する．一方，使用者の着座姿勢は，臀部を前方に移動させたり，足を組むなどにより異なる体圧分布の形を生むことから，質的な多様性に相当する．後者において，要求される機能のロバスト性を確保するための手法が望まれている．

(2) 多様な目的関数に対応する手法の必要性

(1) で述べたように，多様場を考慮する設計問題においては，目標特性や制約特性に影響を与える制御因子や誤差因子がばらつくことはもとより，一つの目標特性に対して複数の目的関数や制約関数が存在しそれらが変化することを考慮する必要がある．前者のばらつきが生じる場合，因子のばらつきは，一般的なばらつきの分布である正規分布と想定されることが多く，目標特性や制約特性のばらつきも正規分布と想定される[†2]．一方，後者の多様性が生じる場合においても，各関数における目標特性や制約特性の分布は正規分布と想定できる．しかし，関数の多様性にともない，それらの分布は，図 5.3 のように，各関数における正規分布が各関数の変化の頻度に応じて重なり合った多峰性分布となる．前章までに述べた手法は多峰性分布を想定していない

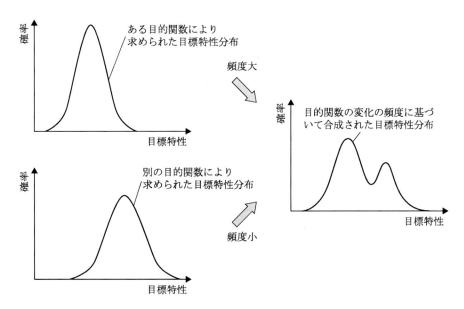

図 5.3　複数の場を考慮した目標特性分布

[†2]　厳密には，目的関数や制約関数が線形でなければ，目標特性のばらつきは正規分布とならない．しかし，多くのロバストデザイン法では正規分布を仮定してロバスト性を評価する．

ため，同分布に対応するロバストデザイン法が必要となる．以下に，上述した内容を
詳細に説明するとともに，前章までに述べた手法と本章で述べる手法の違いを示す．

　前章までに述べたロバストデザイン法の多くは，上述したように，制御因子や誤差
因子における正規分布や一様分布のばらつきが，そのままの形状で目標特性のばらつ
きに写像されると仮定する (図 5.4 (a))．これにより，少ない計算量で近似的なロバ
スト最適解を導出することができる．しかし，実際の設計問題においては，目的関数
が非線形となることにより，目標特性のばらつきが非正規分布となり，上述した近似
が大きな誤差を生むことがある．たとえば，非線形性を有する目的関数が存在する場
合，目標特性の分布は非正規分布となる (図 5.4 (b))．しかし，同図に示された分布
は正規分布と類似しているため，目標特性分布を正規分布として近似できることに加
え，ガンマ分布や対数分布などの確率密度関数が既知の分布に対応可能な Eggert ら
の手法 (p. 89 参照) を用いれば，ロバスト性を適切に評価することができる．これに
対して，多様な目的関数が共存する場合，目標特性分布は複数の分布の重ね合わせと
なるため，図 5.4 (c) のように多峰性の非正規分布となる．この場合，目標特性分布は
確率密度関数が既知の分布と大きく異なり，Eggert らの手法を用いて評価することも
難しい．以上のことから，多様な目的関数により生じる多峰性分布の目標特性を適切
に評価できるロバストデザイン法が必要といえる．

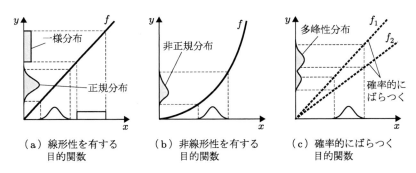

（a）線形性を有する目的関数　（b）非線形性を有する目的関数　（c）確率的にばらつく目的関数

図 5.4　目的関数の変化による目標特性分布の変化

(3) 可変機構に対応する手法の必要性

　(2) で述べたような設計問題においては，目標特性の分布が大きくなることが多いた
め，ロバスト性を十分に確保することは難しい．その場合，可変機構を用いて目標特
性の値を変化させ，ロバスト性を確保するように設計することが多い．可変機構とは，
椅子における背もたれ角度や座面高さの調整機構などのように，人工物（製品）設計
時において制御因子となる背もたれ角度や座面高さを，製品使用時に可変する機構で

ある.

　上述した可変機構の必要性について，概念図を用いて説明する．まず，図 5.5 のように目標特性分布に対して許容範囲が大きい場合は，十分なロバスト性を有するロバスト最適解 x_0 が導出できるため，可変機構は必要ない．このため，前節までに述べたロバストデザイン法を適用しロバスト最適解を導出すればよい．一方，許容範囲が著しく小さい場合は，図 5.6 (a) のように，前節までに述べた手法を用いてロバスト最適解 x_0 を導出したとしても，十分なロバスト性を確保できない．このような場合において，可変機構を用いて制御因子を x_1 から x_2 まで可変することで，図 5.6 (b) のように x_1 のときに許容範囲外であった目標特性分布が許容範囲内に収まり，高いロバスト性を確保できる．しかし，これまでに述べたロバストデザイン法は，設計後の調整を想定せず，制御因子を固定値とみなしてロバスト性を評価するため，可変機構により可変する制御因子の領域 (以下，**可変域** (adjustable range)) を想定したロバスト性

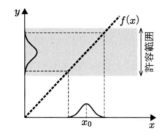

図 5.5　可変機構が不要な設計問題（目標特性の許容範囲が大きい設計問題）

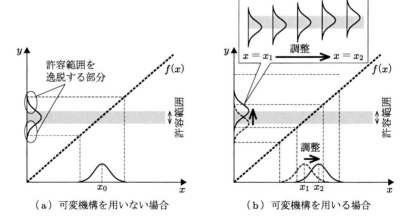

（a）可変機構を用いない場合　　　（b）可変機構を用いる場合

図 5.6　可変機構が必要な設計問題（目標特性の許容範囲が小さい設計問題）

評価を行うことはできない．このため，現状の可変機構の設計においては，設計者が余裕を見込んだ大きめの可変域を設定することが多く，コストや部品点数の増加が問題となっている．以上のことから，可変機構を有する設計問題のロバスト性を適切に評価するとともに，適切な可変域を導出するロバストデザイン法（可変機構に対応するロバストデザイン法）が必要といえる．

なお，多くの設計において，部品の追加を要する可変機構は推奨されない．よって，可変機構に対応するロバストデザイン法は，可変機構を想定しないほかの手法によりロバスト性が確保できないと判断された場合のみにおいて適用すべきである．

5.1.2 多様場に対応するロバストデザイン法の手順

本書で紹介する多様場に対応するロバストデザイン法は，前項で述べた多様な目的・制約関数に対応する手法と可変機構に対応する手法の二つである．これらの手法は共にシミュレーションを行うため，前章で述べたシミュレーションを用いるデザイン法と同様に，モデリング，ロバストモデリング，ロバスト最適化の順に行われる（これらの詳細な説明は 4.1.2 項を参照されたい）．しかし，後者の手法においては，可変機構により可変する因子を用いるため，ロバストモデリングが異なる．以下にその概要について述べる．

可変機構のように因子の値を変える概念は Taguchi の手法 (p. 45 参照) にも存在する．同手法では，目標特性のばらつきを低減するように複数の制御因子の値を設定した後，同制御因子のなかから選出されたばらつきに影響しない調整因子を調整することにより，目標特性の公称値を目標値へ近づける．すなわち，本手法の調整因子は，ばらつきを小さくするために目標値からずれた目標特性の公称値を目標値へ補正するために調整され，最終的には固定される．このため，同因子を前述した可変機構の設計問題へは適用できない．さらに，Taguchi の手法のなかには，製品使用時に使用者が調整する信号因子（複数の入力値を有する制御因子）を扱う方法があるが，同方法は，入力（信号因子の水準）と出力（目標特性）の関係の安定性を評価する[2]ため，上述した設計問題へは適用できない．

Otto らは，(Taguchi が提案した) 調整因子が，ばらついた目標特性が目標値に近づくように調整されると考えた[3]．この考え方は，前項で述べた可変機構と同様である．しかし，Otto らの手法は，調整因子とその可変域があらかじめ設定されている設計問題を対象とするため，調整因子の適用の可否や同因子の調整範囲を決定する設計問題には対応できない．

そこで，可変機構に対応する手法においては，目標特性のばらつきに応じて，ある可変域 $[t_1, t_u]$ 内で可変する**可変制御因子** (adjustable control factor) $t = \{t_1, t_2, \ldots, t_{n_t}\}$

が新たに定義されている．ここで，t_1 および t_u は，可変制御因子の下限値および上限値の組合せを表し，設計者が設定する．すなわち，同因子は，その可変域を設計者が設定する点に関して，Taguchi の手法や Otto らの手法の調整因子と異なる．同因子を用いて，可変機構に対応する手法のロバストモデリングの概念を次式のように定義する．

$$\text{find} \quad [t_1, t_u]$$

$$\text{minimize} \quad |t_u - t_1|$$

$$\text{subject to} \quad F(x, z, t) > F_1 \tag{5.1}$$

ここで，$F(x, z, t)$ はロバストモデリングにより得られた目的関数（ロバスト性）を表し，F_1 はその許容下限値を表す．なお，本最適化問題がロバスト性の最大化問題でない理由は，不要な可変域の増大によるデメリットを防止するためである．すなわち，ロバスト性は，可変域を大きくするほど良くなるものの，それにより部品点数が増加し，コストや故障率が増加するためである．

　上述したように，可変機構はコストや故障率の増加を引き起こすため，可変機構のない設計が望ましい．このため，まずは従来のロバストデザイン法や多様な目的関数に対応する手法を用いてロバスト最適解を導出し，十分なロバスト性を確保できない場合に，可変機構に対応する手法を適用することを推奨する．以上のことから，可変機構に対応する手法の使用方法として，図 5.7 のようなフローチャートを作成した．

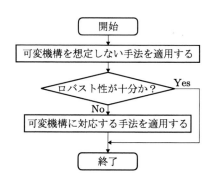

図 5.7　可変機構に対応する手法の適用手順

5.2　多様場に対応するロバストデザイン法の例

　本節では，前節までに述べた多様場に対応するためのロバストデザイン法について述べる．まず，確率と許容範囲を用いることで多様な目的・制約関数に対応する手法

について述べ，その後，調整可能な制御因子を用いることで可変機構に対応する手法について述べる．なお，これらの手法は，ある特性が許容範囲内に入る確率でロバスト性を評価する．このため，同確率に閾値を設けることにより，目標特性だけでなく制約特性のロバスト性を評価できる．以下の説明では，目的関数と目標特性を用いて説明する．

5.2.1 確率と許容範囲を用いる手法

本項で述べるロバストデザイン法は，目標特性が許容範囲を満たす確率を評価する手法である．本手法は許容範囲の設定方法に関して異なる二つの手法から構成されている．一つは目標特性の許容上限値と下限値を用いて目標特性がその範囲に入るか否かを評価する手法であり，もう一つは目標特性の重み（重要度）を表す関数を用いて目標特性が獲得する重みの大きさを評価する手法である．各手法について以下に述べる．

(1) 許容上限・下限値を用いる手法 (Kato・Matsuoka らの手法 (1))[4,5]

【概要】

本手法は，目標特性の許容上限・下限値を設定し，目標特性のばらつきがそれらを満たす確率をモンテカルロ法を用いて算出し，同確率を最大化するロバスト最適解を導出する手法である．本手法は，テイラー展開や最大値・最小値を用いて近似的に目標特性を算出しないため，多様な目的関数により生じる多峰性分布の目標特性のロバスト性を正確に評価することができる．そのため，本手法の特徴・適用条件は以下のようになる．

・多峰性の目標特性分布を想定する[†3]．
・微分可能および微分不可能な目的関数を想定する．
・あらゆる分布型と関係性（独立性・従属性）を有する因子のばらつきを想定する．

【解説】

本手法の手順を以下に示す．

i) ロバストモデリング

前章までに述べたロバストデザイン法におけるロバストモデリングの多くは，目標特性のばらつきの平均値と標準偏差を用いる．このため，目標特性の分布が，それらの値により一意に定まる正規分布となる場合においては正確にロバスト性を評価できる．しかし，目標特性がその平均値と標準偏差により一意に定まらない非正規分布（多

---

†3 多峰性分布は，各目的関数において得られる正規分布を，各目的関数の発生頻度に応じて合成することにより得られる．詳細は 5.1.1 項 (2) を参照．

峰性分布を含む）となる場合においては，ロバスト性を適切に評価できない．たとえ
ば，図 5.8 に示した (a) と (b) の分布は，同じ平均値と標準偏差を有する分布である
が，その形状は大きく異なる．仮に目標値が y_τ である場合，正規分布である (a) の分
布は最頻値が目標値となりロバスト性が高い（機能が安定している）といえるが，非
正規分布である (b) の分布はそうとはいえない．そこで，本手法では，以下に述べる
ロバスト指標 (robustness index) を用いてロバスト性を評価する[4, 5]．

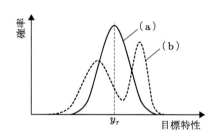

図 5.8 平均値と標準偏差が等しい目標特性分布

　ロバスト指標 R は，図 5.9 に示すように，目標特性が許容範囲[†4]を満たす確率であ
り，目標特性の確率密度関数を許容範囲で積分することにより，次式のように定義さ
れる．

$$R = \int_{y_1}^{y_u} p(y)\, dy \tag{5.2}$$

ここで，y_u および y_1 は，目標特性の許容上限値および許容下限値を表し，$p(y)$ は目
標特性の確率密度関数を表す．式 (5.2) は，制御因子 ($\boldsymbol{x} = (x_1, x_2, \ldots, x_n)$) および
誤差因子 ($\boldsymbol{z} = (z_1, z_2, \ldots, z_m)$) の重積分として次式のように変形できる．

$$R = \int_A p(\boldsymbol{x}; \boldsymbol{z})\, d\boldsymbol{x}\, d\boldsymbol{z} \tag{5.3}$$

ここで，A は $y_1 \leq f(\boldsymbol{x}; \boldsymbol{z}) \leq y_u$ を満たす $\boldsymbol{xz}$ 空間内の領域を表す．なお，式 (5.3) の
ような重積分の計算は，一般に累次積分として行う．しかし，式 (5.2) における積分
範囲は，制御因子および誤差因子からなる多変数関数であり，この関数には陰関数が
存在しない場合がある．よって，式 (5.3) における積分範囲が明らかにならないこと
があるため，上述した計算を行うのは難しい．そこで，本指標は，多数の乱数を用い
たシミュレーションを行うモンテカルロ法[6, 7] により算出される．具体的には，まず，

---

†4　目標特性の許容範囲は，人間工学，生理学，および機械力学など，さまざまな観点から設計対象を検討した
　　うえで決定する必要がある．

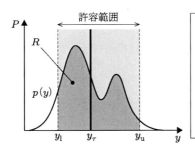

図 5.9 ロバスト指標の概念

制御因子および誤差因子のばらつきの範囲において，ばらつきの確率密度関数に基づいて同因子の組合せのサンプル $(\boldsymbol{x}_i, \boldsymbol{z}_i)$ を発生させる．つぎに，発生させた各サンプルに対する目標特性 $f(\boldsymbol{x}_i, \boldsymbol{z}_i)$ を算出し，その値が許容範囲内の場合は 1，それ以外は 0 とする．最後に，それらの合計を乱数のサンプル数で除す．つまり，ロバスト指標は次式のように算出される．

$$R = \frac{1}{s} \sum_{i=1}^{s} m_i \tag{5.4}$$

ここで，s はサンプル数，m_i は次式のように表される．

$$m_i = \begin{cases} 1 & (y_\mathrm{l} \leq f(\boldsymbol{x}_i; \boldsymbol{z}_i) \leq y_\mathrm{u}) \\ 0 & (\text{otherwise}) \end{cases} \tag{5.5}$$

　ロバスト指標は目標特性が許容範囲を満たす確率であり，目標特性分布の形状の違いを評価できるため，目的関数が複数存在する場合に生じる多峰性分布に対応できる．また，モンテカルロ法を用いるため，目的関数の微分可能性，因子の分布型，および因子間におけるばらつきの独立性を仮定しない．以上のことから，本指標は，前章までに述べた手法で挙げたあらゆる設計問題の特徴に対応可能といえる．しかし，本指標を算出するための計算量が大きいという課題もある．その詳細については，【補足：モンテカルロ法に要する計算量】において述べる．

ii）ロバスト最適化

　本手法のロバスト最適化は，つぎに述べる重み関数を用いる手法 (p. 119 参照) と同様であるため，同手法の説明部分でまとめて述べることとする．

【補足：モンテカルロ法に要する計算量】

モンテカルロ法に用いるサンプル数（目標特性の算出回数）s は，ロバスト指標 R の精度に影響する．このため，サンプル数は一定値以上を確保する必要がある．以下に，ロバスト指標の誤差とサンプル数の関係を述べる．

ロバスト指標の誤差は，ロバスト指標の変動の平方根，つまり標準偏差として定義される[6]．ここで，ロバスト指標の変動 $\mathrm{Var}\,R$ は，式 (5.4) を用いて次式のように求められる．

$$
\mathrm{Var}\,R = \mathrm{Var}\,\frac{\sum_{i=1}^{s} m_i}{s} = \frac{s}{s^2}\mathrm{Var}\,m = \frac{R-R^2}{s}
$$

$$
\left(
\begin{array}{l}
\because \quad \mathrm{Var}[am] = a^2\,\mathrm{Var}[m], \\
\qquad \mathrm{Var}[m_1+m_2] = \mathrm{Var}[m_1] + \mathrm{Var}[m_1] \quad (\mathrm{Cov}(m_1,m_2)=0), \\
\qquad \mathrm{Var}\,m = E[m^2] - (E[m])^2 = R - R^2
\end{array}
\right) \tag{5.6}
$$

式 (5.6) の平方根をとることにより，サンプル数に対するロバスト指標の標準偏差は次式となり，サンプル数の平方根に反比例することがわかる．

$$
\sqrt{\frac{R-R^2}{s}} \in O(s^{-0.5}) \tag{5.7}
$$

ここで，O はランダウの記号[†5]である．なお，$\sqrt{R-R^2}$ は，$0 \le R \le 1$ において最大値 0.5 となるため，ロバスト指標の精度を 0.01 まで保証する (標準偏差 0.005 以内となる) ためには，サンプル数が 10000 個以上必要となる．以上に述べたように，モンテカルロ法に要する計算量は，ばらつきを有する因子の個数によらない．このため，因子の数が多い設計問題においても対応可能である．一方で，ロバスト指標算出のたびに 10000 回以上の計算が必要となるため，ほかの手法と比較して，計算量の増大が懸念される．しかし，近年の計算機の進歩や製品に関する安全性・信頼性のニーズの高まりなどを考慮すると，モンテカルロ法の適用は一つの有効な手段といえよう．

---

†5 定数倍の違いを無視した記法であり，計算量を評価する際に用いられる．たとえば，計算量が N を用いて N^2，$100N^2$，$100N + N^2$ のように与えられる場合には，$O(N^2)$ となる．

(2) 重み関数を用いる手法 (Kato・Matsuoka らの手法 (2))[4,5]

【概要】

本手法は，Kato・Matsuoka らの手法 (1) (p. 115 参照) に，許容範囲内における目標特性の重み（重要度）の違いを評価する重み関数を導入した手法であり，重み関数を用いて算出した，重み付き確率を最大化するロバスト最適解を導出する．重み関数は，目標値に近いほど高くなるように設定されるため，(1) の手法において同等に評価されていた目標特性を，目標値への近さに応じて差別化することができる．そのため，本手法の特徴・適用条件は以下のようになる．

・多峰性の目標特性分布を想定する．
・微分可能および微分不可能な目的関数を想定する．
・あらゆる分布型と関係性（独立性・従属性）を有する因子のばらつきを想定する．
・目標特性の重みを想定する．

【解説】

本手法の手順を以下に示す．

ⅰ) ロバストモデリング

本手法では，まず，重み関数 $w(y)$ を設定する．重み関数は，目標特性の性質ごとに異なり，テイラー展開により導出される．以下に，各特性における重み関数について述べる．

□ 望小特性の場合

望小特性における重み関数の値は，図 5.10 (a) のように，目標特性が大きいほど 0 に近づく（重みは低くなる）ため，$w(\infty) = 0$ と $w'(\infty) = 0$ の条件が成り立つ．ここで，重み関数の $y = \infty$ におけるテイラー展開は，目標特性の逆数を用いて，次式のように表せる．

$$w(y) = w(\infty) + \frac{w'(\infty)}{y} + \frac{w''(\infty)}{2! \, y^2} + \cdots \tag{5.8}$$

式 (5.8) の 3 次以降の項を省略し，$w(\infty) = 0$ と $w'(\infty) = 0$ の条件を代入することにより，重み関数は次式のように導出される．

$$w(y) \approx \frac{k}{y^2} \quad (k = w_\mathrm{u} y_\mathrm{u}{}^2) \tag{5.9}$$

ここで，k は比例定数であり，設計者が定める目標特性の許容上限値 y_u とその際の重み w_u により求められる．

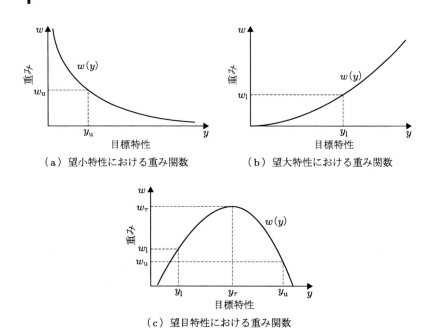

（a）望小特性における重み関数 （b）望大特性における重み関数

（c）望目特性における重み関数

図 5.10　重み関数の概念図

□ 望大特性の場合

望大特性における重み関数の値は，図 5.10 (b) のように目標特性が小さいほど 0 に近づくため，0 を最小値とする多くの設計問題においては $w(0) = 0$ と $w'(0) = 0$ の条件が成り立つ．ここで，重み関数のマクローリン展開は，次式のように表せる．

$$w(y) = w(0) + \frac{w'(0)y}{1!} + \frac{w''(0)y^2}{2!} + \cdots \tag{5.10}$$

式 (5.10) の 3 次以降の項を省略し，$w(0) = 0$ と $w'(0) = 0$ の条件を代入することにより，重み関数は次式のように導出される．

$$w(y) \approx ky^2 \quad \left(k = \frac{w_1}{{y_1}^2} \right) \tag{5.11}$$

ここで，k は比例定数であり，設計者が定める目標特性の許容下限値 y_1 とその際の重み w_1 により求められる．

□ 望目特性の場合

望目特性における重み関数の値は，図 5.10 (c) のように目標特性が目標値 y_τ をとる場合に最大値 w_τ となり，目標値から正負両方向へ変化するほど重みは減少するため，$w(\tau) = w_\tau$ と $w'(\tau) = 0$ の条件が成り立つ．ここで，重み関数の $y = y_\tau$ に

おけるテイラー展開は，次式のように表せる．

$$w(y) = w(y_\tau) + \frac{w'(y_\tau)}{1!} + \frac{w''(y_\tau)(y - y_\tau)^2}{2!} + \cdots \tag{5.12}$$

式 (5.12) の 3 次以降の項を省略し，$w(\tau) = w_\tau$ と $w'(\tau) = 0$ の条件を代入することにより，重み関数は次式のように導出される．

$$w(y) \approx k(y - y_\tau)^2 + w_\tau \quad \begin{pmatrix} k = \dfrac{w_\mathrm{l} - w_\tau}{(y_\mathrm{l} - y_\tau)^2} & (y_\mathrm{l} \le y \le y_\tau) \\[2mm] k = \dfrac{w_\mathrm{u} - w_\tau}{(y_\mathrm{u} - y_\tau)^2} & (y_\tau \le y \le y_\mathrm{u}) \end{pmatrix} \tag{5.13}$$

ここで，k は比例定数であり，設計者が定める目標特性の許容上限値 y_u とその際の重み w_u，許容下限値 y_l とその際の重み w_l，および目標特性の目標値 y_τ とその際の重み w_τ により求められる．

つぎに，導出した重み関数を用いて**重み付きロバスト指標** (weighted robustness index) R_w を算出し，ロバスト性を評価する．重み付きロバスト指標は，ロバスト指標 R に，目標特性の重みの評価を付加したロバスト性評価指標である．具体的には，図 5.11 に示すように，目標特性の各値の重みを重み関数 $w(y)$ として表現し，この重みと目標特性の確率密度関数の積を許容範囲で積分した値であり，次式のように定義される．

$$R_\mathrm{w} = \int_{y_\mathrm{l}}^{y_\mathrm{u}} w(y)p(y)\,dy \tag{5.14}$$

重み付きロバスト指標は，目標特性が許容範囲を満たす確率に加えて，目標特性の各値における重みを評価する指標であり，目標特性におけるばらつきの最小化と重みの

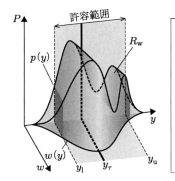

図 5.11　重み付きロバスト指標の概念

最大化の 2 目的最適化を行うための指標といえる．式 (5.14) は，制御因子および誤差因子の重積分として次式のように変形できる．

$$R_{\mathrm{w}} = \int_A w\{f(\boldsymbol{x};\boldsymbol{z})\} p(\boldsymbol{x};\boldsymbol{z}) \, d\boldsymbol{x} \, d\boldsymbol{z} \tag{5.15}$$

ここで，A は $y_1 \le f(\boldsymbol{x};\boldsymbol{z}) \le y_{\mathrm{u}}$ を満たす $\boldsymbol{xz}$ 空間内の領域を表す．式 (5.15) における積分範囲は，ロバスト指標 R と同様の理由から明らかにならない場合がある．このため，重み付きロバスト指標もモンテカルロ法を用いて算出する．具体的には，まず，制御因子および誤差因子のばらつきの範囲において，ばらつきの確率密度関数に基づいて同因子の組合せのサンプルを発生させる．

　つぎに，発生させた各サンプルに対する目標特性を算出し，その値が許容範囲内の場合は $w(y)$，それ以外は 0 とする．最後に，それらの合計を乱数のサンプル数で除す．つまり重み付きロバスト指標は，次式のように算出される．

$$R_{\mathrm{w}} = \frac{1}{s} \sum_{i=1}^{s} m_i \tag{5.16}$$

ここで，m_i は次式のように表される．

$$m_i = \begin{cases} w(y) & (y_1 \le f(\boldsymbol{x}_i;\boldsymbol{z}_i) \le y_{\mathrm{u}}) \\ 0 & (\text{otherwise}) \end{cases} \tag{5.17}$$

ii) ロバスト最適化

　本手法のロバスト最適化は，前述した許容上限・下限値を用いる手法 (p. 115 参照) と同様である（ただし，最適化に用いる指標のみ異なる）．本書では両指標の使い分けを包含したロバスト最適化の手順を示すこととする．

　本手法と許容上限・下限値を用いる手法では，図 5.12 に示すような手順でロバスト最適化を行う．まず，目標特性の重みが既知であるか否かを判断し，ロバスト指標と重み付きロバスト指標のどちらでロバスト性を評価するか決定する[6]．つぎに，各指標の許容下限値 (ロバスト指標の許容下限値 R_1 と重み付きロバスト指標の許容下限値 R_{W1}) を設定する．最後に，**遺伝的アルゴリズム** (genetic algorithm，以下 GA)[7]を用いて制御因子を更新し，各指標が許容下限値以上になる場合は，それをロバスト最適解として導出する．GA を用いる理由は，目的関数の微分可能性や凸性によらず設計解の導出が行えるため，すなわち，汎用性が高く大域的な解探索を行えるためである．GA のようなヒューリスティック手法においては，設計解の最適性が保証されないた

---

[6]　重みが既知でなくても，設計者の意図や実験により重み関数を作成できればよい.

[7]　生物の進化のメカニズム（選択，交叉，突然変異など）を模倣した解探索を行うヒューリスティック手法.

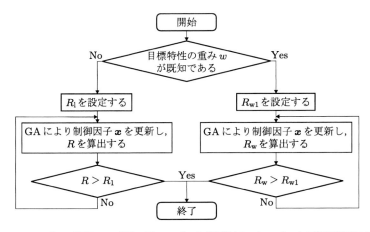

図 5.12　ロバスト指標および重み付きロバスト指標を用いたロバスト最適解導出の手順

め，一般的に設計解を複数個導出して，そのなかから設計者が最終的な解を選定することが望ましい．なお，ロバスト指標に基づいて導出されたロバスト最適解と，重み付きロバスト指標に基づいて導出されたロバスト最適解は，目標特性におけるばらつきの最小化と重みの最大化の 2 目的に対する**パレート解** (Pareto solution)[†8]となる．

5.2.2　調整可能な制御因子を用いる手法（可変機構に対応する手法）[8–10]

　本項で述べるロバストデザイン法は，可変機構により可変する制御因子（可変制御因子）を想定して算出した，目標特性が許容範囲を満たす確率を評価する手法である．本手法が想定する可変機構は，5.1.2 項で述べたように，コストおよび故障率が増加することや使用者の取扱いが容易でなくなることなどから，極力適用したくない．このため，本手法を適用する前に，前項までに述べた手法により，導出したロバスト最適解が十分なロバスト性を獲得できないことの確認を推奨する．

　本手法は，目的関数の性質に応じて異なる二つの手法から構成されている．一つは，目的関数が可変制御因子に対して単調増加・減少することを想定して，可変制御因子の上限・下限値を用いる手法である．もう一つは，目的関数の単調性を想定せず，可変制御因子が取り得る値 (以下，**可変値** (adjustable value)) を用いる手法である．各手法について以下に述べる．

---

†8　複数の目標特性を有する設計問題において，一方の目標特性を改善すると他方が改悪してしまうため，優劣をつけることができない設計解のこと．

(1) 可変制御因子の上限・下限値を用いる手法 (Kato・Matsuoka らの手法 (3))[8]

【概要】

本手法は，可変制御因子により可変する目標特性が，その許容範囲を満たす確率を
モンテカルロ法を用いて算出し，同確率が一定以上の値になる可変域を導出する手法
の一つである．本手法は，テイラー展開や最大値・最小値を用いて近似的・簡易的に
目標特性を算出しないため，多様な目的関数により生じる多峰性の目標特性分布のロ
バスト性を正確に評価することができる．なお，本手法では，目的関数が可変制御因
子に対して単調増加・減少することを仮定して，可変制御因子の可変域の最大値と最
小値を用いてロバスト性を算出する．本手法の特徴・適用条件は以下のようになる．

・多峰性の目標特性分布を想定する．
・微分可能および微分不可能な目的関数を想定する（ただし，可変制御因子に対して
　単調増加または単調減少する目的関数を想定する）．
・あらゆる分布型と関係性（独立性・従属性）を有する因子のばらつきを想定する．
・可変する制御因子を想定する．

【解説】

本手法の手順を以下に示す．

ⅰ）ロバストモデリング

本手法の目標は，「可変制御因子 t の値が可変域 $[t_1, t_u]$ 内で変化するなかで，制御因
子 x や誤差因子 z のばらつきの各組合せに対する目標特性の値が，少なくとも1回ず
つは許容範囲に入る」ことである．たとえば，誤差因子が使用者である場合，可変制
御因子を可変することで，すべての使用者が少なくとも1回は満足する（目標特性が
許容範囲内に入る）ことが設計目標となる．このため，本手法では，その設計目標が
満たされる確率を，可変制御因子に対応するロバスト性の評価指標(以下，可変制御因
子対応型ロバスト指標 R_A) として算出する．

概要部分で述べたように，本手法では目的関数が可変制御因子に対して単調増加・
減少することを仮定して，可変制御因子の最大値と最小値を用いてロバスト性を算出
する．目的関数が単調増加する場合，図 5.13 (a) に示すように，任意の可変制御因子
t_1 と t_2 $(t_1 < t_2)$ に対する目標特性において，$y_1 < y_2$ が成り立つ．同様に，目的関
数が単調減少する場合，図 5.13 (b) に示すように，t_3 と t_4 $(t_3 < t_4)$ に対する目標
特性において $y_3 > y_4$ が成り立つ．すなわち，目的関数が単調増加または単調減少す
る場合には，可変制御因子の大小関係と目標特性の大小関係はつねに等しい．このた
め，可変制御因子対応型ロバスト指標 R_A は，各可変制御因子の上限値 t_u および下限
値 t_1 において，目標特性が許容範囲を逸脱する場合の制御因子および誤差因子の集合

を，全集合から除いた集合（補集合）により表すことができる．

たとえば，図 5.14 に示すように，目的関数が可変制御因子に対して単調増加する場合，目標特性が許容範囲を逸脱する場合の制御因子および誤差因子の集合は，以下の二つの集合の和集合となる．一つは，可変制御因子を下限値にした場合において目標特性が許容上限 y_u を上回るときの制御因子および誤差因子の集合である．もう一つは，可変制御因子を上限値にした場合において，目標特性が許容下限 y_l を下回るときの制御因子および誤差因子の集合である．このため，この和集合の補集合が全集合に占める割合が，可変制御因子対応型ロバスト指標となる．以上の内容に基づき，可変

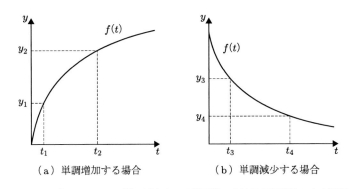

(a) 単調増加する場合　　　(b) 単調減少する場合

図 5.13　単調増加または単調減少する目的関数における目標特性の大小関係

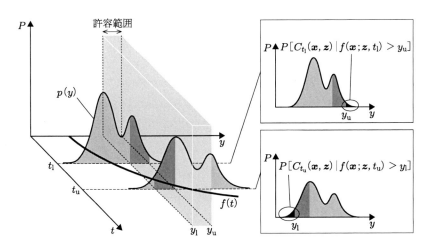

図 5.14　目的関数が単調増加または単調減少する場合における目標特性分布の変化

制御因子が複数ある場合を想定すると，同指標は次式のように表せる．

$$R_{\mathrm{A}} = 1 - \left(P\bigl[C(\boldsymbol{x};\boldsymbol{z}) \,\big|\, f(\boldsymbol{x};\boldsymbol{z},\boldsymbol{t}_1^+,\boldsymbol{t}_\mathrm{u}^-) > y_\mathrm{u}\bigr] + P\bigl[C(\boldsymbol{x};\boldsymbol{z}) \,\big|\, f(\boldsymbol{x};\boldsymbol{z},\boldsymbol{t}_\mathrm{u}^+,\boldsymbol{t}_1^-) < y_1\bigr] \right)$$

$$(5.18)$$

ここで，$\boldsymbol{t}^+$ および $\boldsymbol{t}^-$ は，それぞれ目標特性を単調増加および単調減少させる可変制御因子を表す．また，$P[A]$ は事象 A が起こる確率を表す．

可変制御因子対応型ロバスト指標 (robustness index for adjustable control factors) (式 (5.18)) は，モンテカルロ法を用いて以下のように計算する．まず，ロバスト指標の場合と同様に制御因子および誤差因子の組合せのサンプルを s 個発生させる[†9]．つぎに，発生させた各サンプルと，可変制御因子の上（下）限値の組合せにおける目標特性を算出し，その値が目標特性の許容下（上）限を下（上）まわる場合は1，それ以外は0とする．最後に，それらの合計をサンプル数で除す．この値と1との差をとることにより，可変制御因子対応型ロバスト指標は，次式のように表せる．

$$R_{\mathrm{A}} = 1 - \frac{1}{s}\sum_{i=1}^{s} m_i \qquad (5.19)$$

ここで，m_i は，次式のように表される．

$$m_i = \begin{cases} 1 & (\{f(\boldsymbol{x}_i;\boldsymbol{z}_i,\boldsymbol{t}_\mathrm{u}^+,\boldsymbol{t}_1^-)\} < y_1) \\ 1 & (\{f(\boldsymbol{x}_i;\boldsymbol{z}_i,\boldsymbol{t}_1^+,\boldsymbol{t}_\mathrm{u}^-)\} > y_\mathrm{u}) \\ 0 & (\text{otherwise}) \end{cases} \qquad (5.20)$$

このように，目的関数が可変制御因子に対して単調増加・減少する場合，可変制御因子の下限値 $\boldsymbol{t}_1$ と上限値 $\boldsymbol{t}_\mathrm{u}$ のみを用いて，可変制御因子対応型ロバスト指標を効率的に算出できる．

ii) ロバスト最適化

5.1.2 項で述べたように，本手法のロバスト最適解は，一定の領域を有する可変域 $[\boldsymbol{t}_1,\boldsymbol{t}_\mathrm{u}]$ であり，以下のように導出する．なお，導出のフローチャートを図 5.15 に示す．

[†9] サンプルの個数については【補足：モンテカルロ法に要する計算量】(p. 118 参照) を参照されたい．

Step 1 可変制御因子対応型ロバスト指標 R_{A1} を設計者が設定する．そして，計算に用いる目標特性の上限パーセンタイル p_u，および下限パーセンタイル p_l を決定する．たとえば，目標特性の90%以上が許容範囲内に収まる，すなわち，可変制御因子対応型ロバスト指標の許容下限値 $R_{A1} = 0.90$ となるような可変域を導出する場合，上限パーセンタイルおよび下限パーセンタイルは，95パーセンタイルおよび5パーセンタイルのように設定する．

Step 2 モンテカルロ法を用いて，制御因子と誤差因子の組合せ $(\boldsymbol{x}, \boldsymbol{z})_i$ に対する目標特性 $y_i\ (i = 1, 2, \ldots, s)$ を算出する．ここで，可変制御因子は，任意の値 $\boldsymbol{t}_{arb}$ に設定しておく．そして，目標特性のなかから Step 1 で設定した上限パーセンタイル $y_{(p_u)}$ と下限パーセンタイル $y_{(p_l)}$ を抽出し，それらを構成する各因子の組合せ $((\boldsymbol{x}, \boldsymbol{z})_{(p_u)}, (\boldsymbol{x}, \boldsymbol{z})_{(p_l)})$ を抽出する．

Step 3 Step2 で導出した制御因子と誤差因子の組合せ $((\boldsymbol{x}, \boldsymbol{z})_{(p_u)}, (\boldsymbol{x}, \boldsymbol{z})_{(p_l)})$ を用いて，次式を満たす可変域を最適可変域 $[\boldsymbol{t}_l, \boldsymbol{t}_u]_{opt}$ として導出する．

$$\begin{cases} f((\boldsymbol{x}, \boldsymbol{z})_{(p_l)}, \boldsymbol{t}_u^+, \boldsymbol{t}_l^-) = y_l \\ f((\boldsymbol{x}, \boldsymbol{z})_{(p_u)}, \boldsymbol{t}_l^+, \boldsymbol{t}_u^-) = y_u \end{cases} \tag{5.21}$$

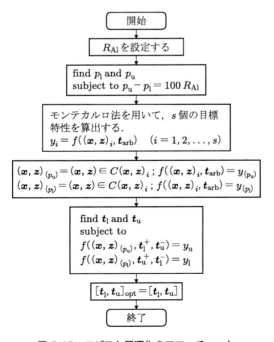

図 5.15 ロバスト最適化のフローチャート

(2) 可変制御因子の各可変値を用いる手法 (Kato・Matsuoka らの手法 (4))[8]

【概要】

本手法は，Kato・Matsuoka らの手法 (3) (p. 124 参照) と同様に，可変制御因子により可変する目標特性が許容範囲を満たす確率を評価し，同確率が一定以上の値になる可変域を導出する手法である．本手法は，目的関数が可変制御因子に対して単調増加・減少しないことを想定するため，可変制御因子が取り得る各値を用いてロバスト性を算出する．本手法の特徴・適用条件は以下のようになる．

・多峰性の目標特性分布を想定する．
・微分可能および微分不可能な目的関数を想定する．
・あらゆる分布型と関係性（独立性・従属性）を有する因子のばらつきを想定する．
・可変する制御因子を想定する．

【解説】

本手法の手順を以下に示す．

i) ロバストモデリング

本手法は，目的関数が単調増加・減少しないことを想定するため，可変制御因子が取り得る各値に対してロバスト性を算出する必要がある．たとえば，可変制御因子が一つである場合，図 5.16 に示すように，可変制御因子 t_1 と t_2 $(t_1 < t_2)$ に対する目標特性において $y_1 < y_2$ は成り立つものの，t_3 と t_4 $(t_3 < t_4)$ に対する目標特性において $y_3 < y_4$ は成り立たない．すなわち，可変制御因子の任意の 2 点に対する目標特性の大小関係が一定ではない．よって，可変制御因子の上限値 t_u および下限値 t_l のみではなく，可変制御因子が取り得るすべての値を考慮する必要がある．このため，図 5.17 に示すように，各因子が取り得る値の全組合せに対して目標特性を算出し，ロバスト性を評価する．

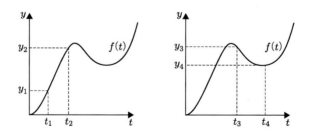

図 5.16　目的関数が単調増加または単調減少しない場合における目標特性の大小関係

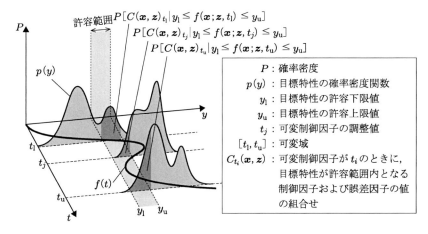

図 5.17　目的関数が単調増加または単調減少しない場合における目標特性分布の変化

　以上のことから，可変制御因子対応型ロバスト指標 R_A は，可変制御因子が取り得る各値 t_j に対する目標特性分布において，許容範囲を満たす目標特性を構成する制御因子と誤差因子の組合せの各集合 $C_{t_j}(\boldsymbol{x}, \boldsymbol{z})$ における和集合が同因子の全組合せ（全集合）に占める割合と定義される．このため，同指標は次式のように表せる．

$$R_A = P\left[\bigcup_{j=1}^{n_{ap}}\left\{C_{t_j}(\boldsymbol{x}, \boldsymbol{z}) \mid y_l \le f(\boldsymbol{x}; \boldsymbol{z}, t_j) \le y_u\right\}\right] \quad (t_j \in [t_l, t_u]) \qquad (5.22)$$

ここで，n_{ap} は可変値の個数を表す．なお，可変制御因子は連続値である（可変機構は可変制御因子を連続的に調整する）ことを想定するものの，可変制御因子対応型ロバスト指標の算出にモンテカルロ法を用いるため，可変域 $[t_l, t_u]$ を十分に細かいピッチで区切った離散値 t_j で代用している．

　可変制御因子対応型ロバスト指標を表す式 (5.22) は，モンテカルロ法を用いて以下のように計算する．まず，制御因子および誤差因子のばらつきの確率密度関数に基づいて同因子の組合せのサンプル $(\boldsymbol{x}_i, \boldsymbol{z}_i)$ を発生させる．つぎに，発生させた各サンプルと，可変制御因子におけるすべての可変値の組合せ $t_j \ (j = 1, 2, \ldots, n_{ap})$ に対する目標特性を算出し，各サンプル（制御因子および誤差因子の組合せ）において，許容範囲を満たす目標特性が 1 個以上ある場合は 1，それ以外は 0 とする．最後に，それらの合計をサンプル数 s（制御因子および誤差因子の組合せの個数）で除す．つまり，可変制御因子対応型ロバスト指標は，次式のように算出される．

$$R_A = \frac{1}{s}\sum_{i=1}^{s} m_i \qquad (5.23)$$

ここで，m_i は，次式のように表される.

$$m_i = \begin{cases} 1 & (\exists \boldsymbol{t} \in [\boldsymbol{t}_1, \boldsymbol{t}_u];\ y_1 \le f(\boldsymbol{x}_i; \boldsymbol{z}_i, \boldsymbol{t}) \le y_u) \\ 0 & (\text{otherwise}) \end{cases} \tag{5.24}$$

ⅱ) ロバスト最適化

本手法におけるロバスト最適化の方法（可変域の導出方法）は，可変制御因子が一つである場合と，同因子が複数ある場合で異なる．これは，可変制御因子の個数の増加が計算量の増大を招き，一つのアルゴリズムで上記二つの場合に対応することが困難なためである．

① 可変制御因子が一つである場合の最適可変域の導出方法

本導出方法は，可変制御因子対応型ロバスト指標が許容下限値 $R_{\mathrm{A}1}$ を満たすまで，可変域を徐々に広げていくアルゴリズムである．可変域導出の手順を以下に記述するとともに，導出のフローチャートを図 5.18 に示す.

Step 1 可変制御因子対応型ロバスト指標 $R_{\mathrm{A}1}$ と，可変域を徐々に広げていく際のステップ量 δ を設計者が設定する．そして，可変域を広げている際の初期位置（可変制御因子の初期値）$t^*_{(i)}$ $(i = 1, 2, \ldots, n^*)$ をランダムに設定する．ここで，$t^*_{(i)}$ は，i 個目の初期値を表し，n^* は初期値の個数を表す.

Step 2 Step 1 で導出した初期値 $t^*_{(i)}$ または Step 3 で採用した可変域の上限値を下限値 $(t_{\mathrm{u}ij}$ と $t_{\mathrm{l}ij})$ から，正方向へ δ だけ広げた上限値 $t_{\mathrm{u}i(j+1)}$ $(= t_{\mathrm{u}ij} + \delta)$ と，負方向へ δ だけ広げた下限値 $t_{\mathrm{l}i(j+1)}$ $(= t_{\mathrm{l}ij} - \delta)$ を求める．ここで，j は繰り返しの回数（可変域を広げた回数）を表す.

Step 3 導出した上限値または下限値を用いて 2 個の可変域 $[t_{\mathrm{l}ij}, t_{\mathrm{u}i(j+1)}]$ と $[t_{\mathrm{l}i(j+1)}, t_{\mathrm{u}ij}]$ を設定し，それらに対する可変制御因子対応型ロバスト指標 $(R_{\mathrm{A}[t_{\mathrm{l}ij}, t_{\mathrm{u}i(j+1)}]}$ と $R_{\mathrm{A}[t_{\mathrm{l}i(j+1)}, t_{\mathrm{u}ij}]})$ をそれぞれ算出し，同指標を大きくする可変域を新しい可変域 $[t_{\mathrm{l}i(j+1)}, t_{\mathrm{u}i(j+1)}]$ として選択する．なお，双方の可変域が同じだけ同指標を向上させるのであれば，正負両方向へ δ だけ広げた可変域 $[t_1 - \delta, t_\mathrm{u} + \delta]$ を新しい可変域とする.

Step 4 $R_\mathrm{A} > R_{\mathrm{A}1}$ となる可変域を，解候補の可変域 $[t_1, t_\mathrm{u}]_{(i)}$ とする．$R_\mathrm{A} \le R_{\mathrm{A}1}$ となる場合は，Step 2 へ戻る.

Step 5 Step 2〜4 を初期値の個数 n^* 回繰り返し行い，すべての初期点から解候補の可変域 $[t_1, t_\mathrm{u}]_{(i)}$ とその大きさ $(t_\mathrm{u} - t_1)_{(i)}$ を導出する.

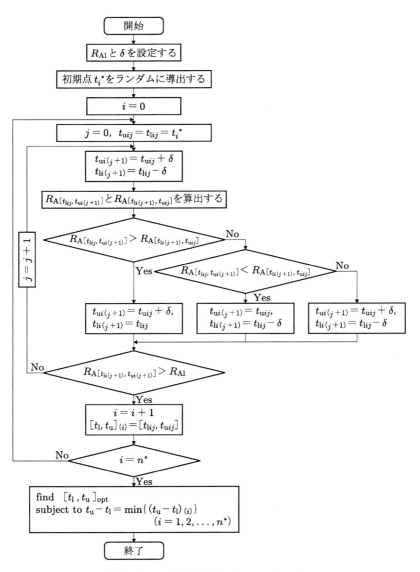

図 5.18 ロバスト最適化のフローチャート

Step 6 　Step 5 で導出した解候補のなかから，設計者がロバスト最適解を選定する．
たとえば，次式のように最小の可変域 $[t_1, t_u]_{\text{opt}}$ を求める．

$$\text{find} \quad [t_1, t_u]_{\text{opt}} \tag{5.25}$$

$$\text{subject to} \quad t_u - t_1 = \min\{(t_u - t_1)_{(i)}\} \quad (i = 1, 2, \ldots, n^*) \tag{5.26}$$

② 可変制御因子が複数である場合の最適可変域の導出方法

本導出方法では，計算量を低減するため，解探索に遺伝的アルゴリズムを適用する
とともに，可変値の一部を抽出してロバスト性を評価する[10]．

複数の可変制御因子における可変域を導出する場合，可変制御因子間の関係性を考
慮する必要がある．因子間の関係性は，独立と従属に分かれる．たとえば，可変制御
因子が 2 個の場合，これらの可変制御因子間に従属関係があれば，片方の因子はもう
片方の因子と連動するため，可変域は図 5.19 (a) のような曲線（もしくは線分）とな
る．一方，可変制御因子間に独立関係があれば，双方の因子はそれぞれ自由に可動す
るため，可変域は図 5.19 (b) のような矩形となる．ここで，因子間の関係性は，設計
問題において既定される場合と設計者が設定する場合がある．さらに，因子間に従属
関係がある場合には，その関係式も，設計問題により設定される場合と設計者が設定
する場合がある．本手法においては，設計者が独立か従属かを決めることができ，か
つ，従属の関係性も決めることができる設計問題を想定している．

可変制御因子間の関係が独立である場合と従属である場合の 2 種類の評価点抽出方
法について，以下にその詳細を述べる．

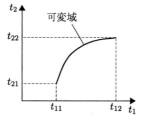
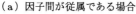
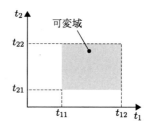

（a）因子間が従属である場合　　　（b）因子間が独立である場合

図 5.19　因子間が従属・独立である場合の可変制御因子

---

[10] 計算量を低減する理由など，計算量に関する詳細は【補足：ロバスト最適化に要する計算量とその対策】
(p. 140 参照) において述べる．

②-a 可変制御因子間の関係が従属である場合の評価点抽出方法

n_t 個の可変制御因子間に従属関係がある場合，可変域は，上述した初期点を端点とする n_t 次元空間内の線分または曲線となる．本手法では簡略化のため線形関係を想定し，図 5.20 のように 2 個の初期点 $\boldsymbol{t}^*_{(1)}$ と $\boldsymbol{t}^*_{(2)}$ を結ぶ線分上に評価点を設ける[†11]．評価点導出の手順を以下に記述するとともに，導出のフローチャートを図 5.21 に示す．

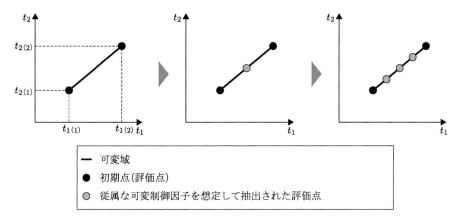

- —— 可変域
- ● 初期点（評価点）
- ◉ 従属な可変制御因子を想定して抽出された評価点

図 5.20　従属な可変制御因子における評価点

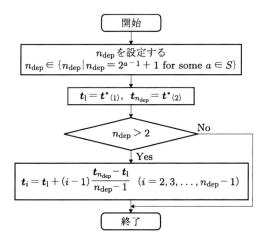

図 5.21　従属な可変制御因子における評価点導出のフローチャート

---

†11 評価点の個数が 2 個（最低個数）の場合は，初期点が評価点となる．一方，評価点の個数が 2 個より多い場合は，可変域を等分するように評価点を設ける．

Step 1 従属な可変制御因子における評価点の個数 n_{dep} を次式に基づいて設定する.

$$n_{\text{dep}} \in \{n_{\text{dep}} \mid n_{\text{dep}} = 2^{a-1} + 1 \text{ for some } a \in S\} \qquad (5.27)$$

ここで, S は自然数の集合を表す. また, 式 (5.27) は, 上述したように可変域を等分していく場合の評価点個数である.

Step 2 2 個の初期点 $(t^*_{(1)}$ と $t^*_{(2)})$ を 1 番目と n_{dep} 番目の評価点としてそれぞれ設定する.

$$\boldsymbol{t}_1 = \boldsymbol{t}^*_{(1)}, \quad \boldsymbol{t}_{n_{\text{dep}}} = \boldsymbol{t}^*_{(2)} \qquad (5.28)$$

ここで, $n_{\text{dep}} = 2$ であれば, 手順は終了となる. 一方, $n_{\text{dep}} > 2$ であれば, Step 3 を実施する.

Step 3 可変域を等分する評価点 $\boldsymbol{t}_i$ $(i = 2, 3, \ldots, n_{\text{dep}} - 1)$ を次式に基づいて設定する.

$$\boldsymbol{t}_i = \boldsymbol{t}_1 + (i-1)\frac{\boldsymbol{t}_{n_{\text{dep}}} - \boldsymbol{t}_1}{n_{\text{dep}} - 1} \quad (i = 2, 3, \ldots, n_{\text{dep}} - 1) \qquad (5.29)$$

②-b 可変制御因子間の関係が独立である場合の評価点抽出方法

n_t 個の可変制御因子間に独立関係がある場合, 可変域は, 上述した初期点を結ぶ線分を対角線とする n_t 次元の超矩形となる. 本手法では, まず, 因子間に従属関係がある場合と同様に, 超矩形の対角線上の評価点を求め, その後, それら評価点における各可変制御因子の値の全組合せを評価点とする. たとえば, 可変制御因子が 2 個の場合, 評価点は, 図 5.22 左図のように 2 次元空間内の点として表される. このため, まずは, 2 個の初期点における 2 個の可変制御因子の値の組合せとして, $2^2 = 4$ 個の評価点が抽出される. なお, より多くの評価点が必要な場合は, 図 5.22 中央図, 右図のように, 初期点を結ぶ線分を均等に分割するように評価点を抽出し, それらの評価点における各可変制御因子の値の全組合せとして評価点を抽出する.

上述した評価点の抽出方法はすべての可変制御因子が独立な場合に適用できる. しかし, 設計問題のなかには因子間の関係が独立である場合と従属である場合の両方が存在することもある. そのような場合は, 従属関係を有する一つの因子で代表し, それ以外の因子を取り除いたうえで評価点を抽出する. たとえば, 可変制御因子が 3 個, 各可変制御因子における評価点が 3 個である場合, すべての評価点は, 図 5.23 左図のように, 3^3 個 $= 27$ 個の評価点が抽出される. ここで, t_2 と t_3 が従属である場合は, 図 5.23 右図のように, 従属関係を満たさない評価点を取り除く. 具体的には, t_a と t_b の関係が従属である場合, 先に述べた因子間の関係が従属である場合の評価点抽出

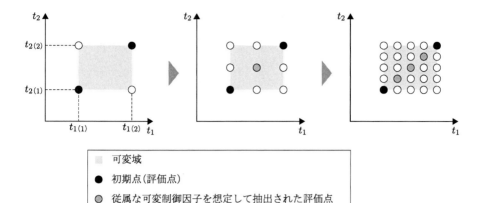

図 5.22　独立な可変制御因子における評価点

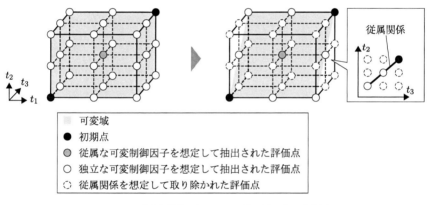

図 5.23　従属関係を有するため取り除かれた評価点

法と同様に，t_a と t_b の関係式を，2 個の初期点を結ぶ直線に設定する．これにより，図 5.24 のように，t_a の値は t_b の値から一意的に定まり，図 5.23 右図のように評価点が削除される．評価点導出の手順を以下に記述するとともに，導出のフローチャートを図 5.25 に示す．

Step 1　独立な可変制御因子の評価点の個数 n_{ind} を次式に基づいて設定する．

$$n_{\mathrm{ind}} = (n_{\mathrm{dep}})^{n_t} \tag{5.30}$$

ここで n_{dep} は，前述した従属な可変制御因子における評価点の個数を表す．

Step 2 因子間の関係が従属である場合の評価点 t_i $(i = 1, 2, \ldots, n_{\mathrm{dep}})$ を，図 5.21 に基づいて抽出する．

Step 3 Step2 で求めた評価点におけるすべての可変制御因子の値を組合せることにより，独立な可変制御因子の評価点 t_i $(i = 1, 2, \ldots, n_{\mathrm{ind}})$ を次式に基づいて設定する．

$$
t_i \in C(t) = \begin{cases} t_1 \in \{t_{11}, t_{12}, \ldots, t_{1n_{\mathrm{dep}}}\}, \\ t_2 \in \{t_{21}, t_{22}, \ldots, t_{2n_{\mathrm{dep}}}\}, \\ \quad\quad\quad\quad \vdots \\ t_{n_{\mathrm{ind}}} \in \{t_{n_{\mathrm{ind}}1}, t_{n_{\mathrm{ind}}2}, \ldots, t_{n_{\mathrm{ind}}n_{\mathrm{dep}}}\} \end{cases} \tag{5.31}
$$

ここで，可変制御因子間に存在する従属関係の数 n_{dr} が 0 であれば，手順は終了となる．一方，n_{dr} が 0 よりも大きければ，Step 4 を実施する．

Step 4 従属関係にある可変制御因子を一つの（代表の）可変制御因子の値から一意的に定めるように設定する．具体的には，t_a と t_b の関係が従属である場合，次式に基づいて設定する．

$$
t_i \in C(t) = \begin{cases} t_1 \in \{t_{11}, t_{12}, \ldots, t_{1n_{\mathrm{dep}}}\}, \\ t_2 \in \{t_{21}, t_{22}, \ldots, t_{2n_{\mathrm{dep}}}\}, \\ \quad\quad\quad\quad \vdots \\ t_a \in \{\alpha t_b + \beta\}, \\ t_b \in \{t_{b1}, t_{b2}, \ldots, t_{bn_{\mathrm{dep}}}\}, \\ \quad\quad\quad\quad \vdots \\ t_{n_{\mathrm{ind}}} \in \{t_{n_{\mathrm{ind}}1}, t_{n_{\mathrm{ind}}2}, \ldots, t_{n_{\mathrm{ind}}n_{\mathrm{dep}}}\} \end{cases} \tag{5.32}
$$

ここで，α と β は，初期点を結んで得られる直線の式の傾きと切片を表し，それぞれ次式のように算出される．

$$
\alpha = \frac{t_{a2} - t_{a1}}{t_{b2} - t_{b1}}, \quad \beta = t_{a1} - \alpha t_{b1} \tag{5.33}
$$

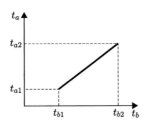

図 5.24 可変制御因子間の従属関係

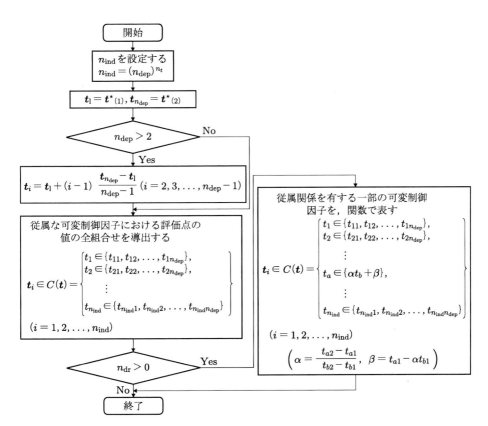

図 5.25 独立な可変制御因子における評価点導出のフローチャート

　本手法における可変域の導出の手順を以下に記述するとともに，導出のフローチャートを図 5.26 に示す.

Step 1　可変制御因子対応型ロバスト指標 R_A の許容下限値 R_{Al}, 解候補の個数 n_{sc}, GA における解探索の最大繰り返し数の個数 $n_{i\max}$ を設定する. そして，各因子間の関係が従属であるか独立であるかを設計者が決め[†12]，評価点の初期個数を設定する. ここで，評価点の初期個数は，前節で述べた評価点の抽出方法における最小個数 $(n_{dep} = 2,\ n_{ind} = 2^{n_t - n_{dr}})$ に設定し，必要であれば徐々に増加させることが望ましい[†13].

Step 2　GA により 2 個の初期点 t_1^* と t_2^* を導出する. そして，図 5.21 および図 5.25 の手順に基づいて導出した評価点 $t_1, t_2, \ldots, t_{n_{dep}}$（または $t_{n_{ind}}$）に対する可変制御因子対応型ロバスト指標を算出し，同指標が許容下限値 R_{Al} より大きくなれば，その可変域を解候補とする. 一方，同指標が許容下限値未満となれば，GA により初期点を更新して同様の評価を行う.

Step 3　解候補が n_{sc} 個得られるまで，Step 1 と Step 2 を繰り返し行う. ここで，最大繰り返し数 $n_{i\max}$ までに解候補が得られなければ，図 5.21 および図 5.25 の手順に基づいて評価点を増加させて，再度評価を行う.

Step 4　解候補 $[t_1, t_u]_{(i)}$ $(i = 1, 2, \ldots, n_{sc})$ のなかから設計者がロバスト最適解を選定する. たとえば，可変域を最も小さくしたい可変制御因子 t_a を設計者が選択し，その可変域の大きさ $|t_{au} - t_{al}|$ が最小となる次式のような解候補を最適可変域とする[†14].

$$\text{find}\quad [t_1, t_u]_{\text{opt}} \tag{5.34}$$
$$\text{subject to}\quad t_{au} - t_{al} = \min\{|(t_{au} - t_{al})_{(i)}|\} \quad (i = 1, 2, \ldots, n_{sc}) \tag{5.35}$$

[†12]　因子間の関係が従属であるか独立であるかが明確でない場合は，両方のロバスト最適解（可変域）を導出して比較することが望ましい.

[†13]　評価点を増加させていく理由は，適用する設計問題に応じて適切な（必要最小限の）個数の評価点でロバスト性を評価することにより，計算量を低減するためである.

[†14]　本箇所に関しては，すべての可変制御因子の大きさ $|t_u - t_1|$ を用いる方法や，重みを設けた各因子の大きさの線形和を用いる方法なども考えられる.

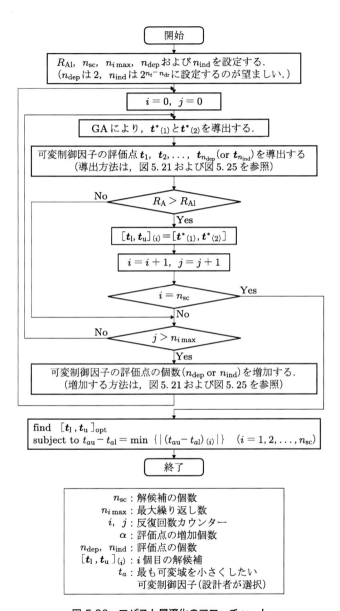

図 5.26 ロバスト最適化のフローチャート

【補足：ロバスト最適化に要する計算量とその対策】

　5.2.2 項 (2) で述べたように，可変制御因子の各可変値を用いる手法においては，可変制御因子が複数の場合，計算量を低減する必要がある．このため，GA を用いて解を探索するとともに，可変値のなかから抽出した評価点を用いてロバスト性を評価する．そこで，本手法における計算量について述べる．ここで，計算量とは，問題例の規模[†15]（以下，P）を基準として評価されるものであり，計算量が P の多項式オーダー[†16]より大きくなるアルゴリズムは，P にともなって計算量が急激に増加するため，実用的でないとされている[11-13]．すなわち，計算量は，P の多項式オーダーと同等以下に抑える必要がある．

　可変域導出に関する計算量は，解探索とロバスト性評価における計算量に大別される．前者は，最適可変域の領域を導出（探索）するための計算量であり，後者は，探索した可変域のロバスト性を算出するための計算量である．以下に，それぞれについて述べる．

i) 解探索における計算量

　可変制御因子が一つである場合の最適可変域の導出方法 (p. 130 参照) である．可変域を一定のステップ量 δ ずつ増加させながら解探索する．このため，因子が 1 個の場合においては，図 5.27 (a) のように，可変域を大きくしても近傍の探索点の個数は 2 個のままで一定である．しかし，可変制御因子が複数の場合においては，図 5.27 (b) のように，可変域を大きくするにつれて，近傍の探索点の個数が増加する．よって，最適可変域より大幅に小さいステップ量を設定した場合には，最適可変域の導出が困難になる．このため，可変域を徐々に広げていく方法とは異なる最適可変域導出方法が必要となる．

　複数の可変制御因子を有する設計問題においては，可変域 $[t_1, t_u]$ をロバスト最適解として導出する．すなわち，そのような設計問題は，可変制御因子の実行可能領域内から，可変制御因子の下限値の組合せ t_1 と上限値の組合せ t_u を導出する組合せ最適化問題といえる．組合せ最適化問題に対応する代表的な手法として，すべての組合せを列挙する全列挙法が挙げられる．しかし，この手法を，先の組合せ最適化問題へ適用した場合，計算量が膨大になる．たとえば，可変制御因子が n_t 個あり，i 番目の可変制御因子において，可変域の上限・下限値として選択可能な値の数が n^{fes}_i 個あるとする．この場合，各 t_i において，n^{fes}_i 個の可変値のなかから可変域の上限値と下限値を選ぶことになるため，考えられる可変域の数は次式の左辺のようになり，すべての

[†15]　パラメータ個数など問題を定義するための入力データのサイズ．
[†16]　計算量が問題例の規模 P の多項式で表現できることを，「計算量が P の多項式オーダーである」という．

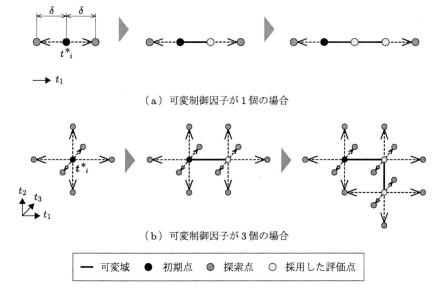

（a）可変制御因子が１個の場合

（b）可変制御因子が３個の場合

| ― 可変域 | ● 初期点 | ● 探索点 | ○ 採用した評価点 |

図 5.27 可変制御因子が一つである場合の最適可変域の導出方法
（可変制御因子が１個と３個の場合）

$n^{\text{fes}}{}_i$ を n^{fes} と仮定すると，次式の右辺のように近似できる.

$$\prod_{i=1}^{N} n^{\text{fes}}{}_i P_2 \approx \left\{ n^{\text{fes}}(n^{\text{fes}} - 1) \right\}^{n_t} \tag{5.36}$$

つまり，考え得る可変制御因子の上限・下限値の組合せをすべて列挙してロバスト最適解を探索する（列挙法を用いる）アルゴリズムは，可変制御因子の個数 n_t に対する指数時間アルゴリズム[†17]となる．このため，計算量が多項式オーダーより大きくなり，実用的なアルゴリズムとならない．以上のことから，複数の可変制御因子を有する設計問題においては，計算量を低減する解探索方法が必要となる．そこで，図 5.26 のように，GA を用いて可変域を繰り返し導出して，評価している．

ii）ロバスト性評価における計算量

可変制御因子対応型ロバスト指標 R_{A} は式 (5.1) のように算出されるため，同指標導出の計算量は，モンテカルロ法におけるサンプル数 s と，可変制御因子の可変値の個数 n との積となる．

まず，モンテカルロ法におけるサンプル数 s に関しては，【補足：モンテカルロ法に要する計算量】(p. 118 参照) で述べたように，可変制御因子対応型ロバスト指標の精

---

†17 計算量が入力サイズの指数関数で表現されるアルゴリズム.

度を 1% まで保証するために, 10000 個以上のサンプル数が必要となる. このため, 同指標算出のたびに 10000 回以上の計算が必要となる.

一方, 可変制御因子の可変値の個数に関しては, 同因子間の関係性が独立である場合と従属である場合で異なる.

可変制御因子間の関係が独立である場合, 同因子が取り得る可変値の組合せ数は, 同因子の個数に応じて指数関数的に増加する. たとえば, n_t 個の可変制御因子があり, それぞれの可変値の個数が n 個である場合, 可変値の組合せ数は n^{n_t} 個となる. つまり, 本問題における解の組合せ個数は, 可変制御因子の個数 n_t に対する多項式オーダーより大きくなるため, すべての可変値の組合せを列挙して評価する方法は実用的ではない. 以上のことから, 因子間の関係が独立である場合には, 可変制御因子におけるすべての可変値の組合せについてロバスト性を評価するのではなく, それらのなかから抽出した一部の評価点を評価することで効率化を図っている.

可変制御因子間の関係が従属である場合, 従属関係にあるすべての可変制御因子が 1 個の可変制御因子にともなって変化すると考えられる. たとえば, すべての因子間の関係が従属である場合, 可変値に要する計算量は, 可変制御因子が 1 個の場合と同等となる. しかし, 従属である場合のみすべての可変値の組合せを列挙して評価すると, そのロバスト性評価は独立である場合の評価と比べて高くなる. このため, 設計者が因子の関係性 (独立か従属か) を決定する設計問題において, 両者を対等に比較できない. 以上のことから, 可変制御因子の各可変値を用いる手法 (p. 128 参照) では, 可変制御因子間の関係が従属である場合においても, 抽出した評価点を用いてロバスト性評価を行っている.

5.3　設計事例

　本節では，多様場に対応するロバストデザイン法を用いた設計事例について述べる.

(1) 設計対象

　本設計事例では，第 4 章の設計事例と同様に椅子を設計対象とし，多様な使用者が不快感を感じないクッションアングルを決定することとした. クッションアングルは，使用者の着座状態を定める重要な因子であり，安楽姿勢を確保するように適切な値に決定する必要がある. クッションアングルの重要な役割の一つとして，着座時の不快感の原因として挙げられる尻滑り力 (図 2.4 (p. 18 参照)) の抑制が挙げられる[14, 15]. 本設計事例の目標は，尻滑り力を低減するクッションアングルを決定することとした. 尻滑り力は，生体力学の知見の基づく人体の剛体リンクモデルを用いてモデリングできると考え，シミュレーションを用いるロバストデザイン法を用いることとした. ここで，このモデル (目的関数) は，図 5.28 に示すような着座姿勢により大きく異なる. すなわち，着座姿勢の変化はモデルの変化に相当し，多峰性の確率密度分布を生じることが考えられる. 以上のことから，本設計事例では，多様場に対応するロバストデザイン法を適用した.

(2) 適用手法

　本設計事例では，(1) で述べたように，多様場に対応するロバストデザイン法を適用する. 同法は，可変する因子を想定するか否かで大きく異なる. 本設計事例の制御因子である椅子のクッションアングルは，可変機構により可変する場合もあれば，そうでない場合もある. このため，本設計事例では，まず，5.1.2 項で述べた多様場に対応するロバストデザイン法の手順に基づき，可変制御因子を想定しないロバスト最適解

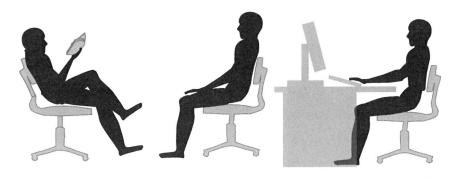

図 5.28　着座姿勢の多様性

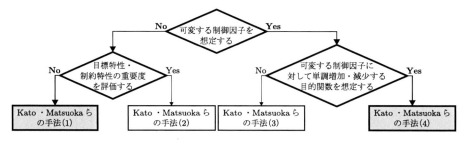

図 5.29　多様場に対応するロバストデザイン法の選択

を導出し，その後，同設計解のロバスト性が不十分であった場合に可変制御因子を用いたロバスト最適解（可変域）を導出することとした．

　なお，可変制御因子を想定しないロバスト最適解の導出においては，多様場に対応するロバストデザイン法の選択フローチャート (p. 32 参照) より，多峰性の目標特性に対応することが可能な Kato・Matsuoka らの手法 (1) (p. 115 参照) を用いることとし，可変制御因子を用いたロバスト最適解の導出においては，非単調な目的関数に対応することが可能な Kato・Matsuoka らの手法 (4) (p. 128 参照) を用いることとした (図 5.29)[18]．以下では，紙面の都合上，両手法によるロバスト最適解の導出について，並列に説明していく．

　まず，可変制御因子を想定しない場合の目標特性と因子を，以下に示す．

・目標特性：尻滑り力 F_{HS}
・制御因子：クッションアングル θ_C
・誤差因子：使用者の体格と着座姿勢 (詳細は，(3) 適用手順で示す)

　つぎに，可変制御因子を想定する場合の目標特性と因子は，以下のようになる．

・目標特性：尻滑り力 F_{HS}
・可変制御因子：クッションアングル θ_C，バックアングル θ_B
・誤差因子：使用者の体格と着座姿勢

ここで，バックアングルを可変制御因子として追加している理由は，クッションアングルのみを可変させると，使用者のヒップアングルが小さくなり不快感の原因となるためである．なお，バックアングルを可変制御因子としない場合には，30° に設定することとした．また，クッションアングルの解探索範囲は 10°〜25°，バックアングルの解探索範囲は 20°〜35° とし，クッションアングル θ_C とバックアングル θ_B におい

---

†18　本設計問題の目的関数は複雑であり，単調性を明示できないため非単調とした．

ては，十分なヒップアングルを確保するために $\theta_B \geq \theta_C + 10°$ という条件を設けた．

(3) 適用手順

ⅰ) モデリング

目標特性である尻滑り力を導出するため，人体と椅子のモデルをそれぞれ構築した．まず，人体モデルは，人体矢状面を想定し同面において可動範囲の大きい四つの関節により分割されたリンクモデルとした．各節および関節の名称と尻滑り力算出に用いる主要な人体角度を記載した人体モデルを図5.30に示す．なお，本人体モデルにおける各節の長さ L_i と質量 M_i $(i = 1, 2, 3, 4, 5)$ は，日本人の実測データ[16] から導出された回帰式を用いることにより，使用者の身長 (平均値：1.65 m，標準偏差：0.08 m) と体重 (平均値：58.1 kg，標準偏差：9.09 kg) から推定することとした．一方，椅子モデルは，外力が加わっても形状・位置・角度が変化しないシートバックとシートクッションの剛体リンクモデルとした (図5.31)．ここで，座面高さは，第4章の設計事例で導出されたロバスト最適解 (0.38 m) とした．

人体モデルと椅子モデルを用いて構築した人体‐椅子モデルを図5.32に示す．なお，本設計事例においては，標準姿勢，腰部伸展姿勢，および腰部屈曲姿勢の三つの着座姿勢を想定し3種類の人体‐椅子モデルを構築した．ここで，標準姿勢とは使用者ができるだけ臀部を奥に入れ，腰部がシートバックに当たるように座る着座姿勢である．また，腰部伸展姿勢とは臀部を (100 mm 程度) 前に出し，骨盤と腰椎を伸ばした姿勢である．さらに，腰部屈曲姿勢とは，腰部伸展姿勢とは臀部を前に出し，骨盤と腰椎を曲げた姿勢である．なお，標準姿勢，腰部伸展姿勢，および腰部屈曲姿勢 (の各モデル) は，3 : 1 : 6 の割合で変化することとした．

なお，人体と椅子の間の摩擦係数は，シートバックとシートクッション共に 0.3 と

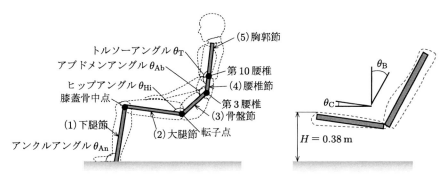

図 5.30　人体モデル　　　　　　図 5.31　椅子モデル

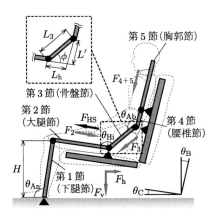

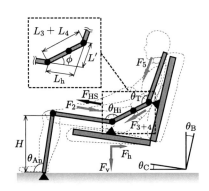

(a) 標準姿勢

$$F_{\mathrm{HS}} = -F_{\mathrm{h}}\cos\theta_{\mathrm{C}} - F_{\mathrm{v}}\sin\theta_{\mathrm{C}}$$
$$- \kappa(-F_{\mathrm{h}}\sin\theta_{\mathrm{C}} + F_{\mathrm{v}}\cos\theta_{\mathrm{C}})$$

各節に生じる力

$$F_2 = \frac{M_1 l_{1\mathrm{b}} g + M_2 l_{2\mathrm{a}} g}{\sin\theta_{\mathrm{C}} - \cos\theta_{\mathrm{C}}\tan\theta_{\mathrm{An}}}$$

$$F_3 = \frac{F_{4+5} + (M_4 l_{4\mathrm{a}} g + M_3 l_{3\mathrm{b}} g)(\cos\theta_{\mathrm{B}} - \kappa\sin\theta_{\mathrm{B}})}{-\cos\theta_{\mathrm{Ab}} - \kappa\sin\theta_{\mathrm{Ab}}}$$

$$F_{4+5} = (M_5 g + M_4 l_{4\mathrm{b}} g)(\cos\theta_{\mathrm{B}} - \kappa\sin\theta_{\mathrm{B}})$$

$$F_{\mathrm{h}} = F_2\cos\theta_{\mathrm{C}} - F_3\sin(\theta_{\mathrm{Hi}} + \theta_{\mathrm{C}})$$

$$F_{\mathrm{v}} = F_2\sin\theta_{\mathrm{C}} + F_3\sin(\theta_{\mathrm{Hi}} - \theta_{\mathrm{C}}) + M_2 l_{2\mathrm{b}} g$$
$$+ M_3 l_{3\mathrm{a}} g$$

各節の分割点間距離と各節がなす角度

$$L' = L_{\mathrm{h}}\cos(90° + \theta_{\mathrm{B}} - \theta_{\mathrm{C}})$$
$$+ \sqrt{L_{\mathrm{h}}^2\cos^2(90° + \theta_{\mathrm{B}} - \theta_{\mathrm{C}}) - (L_{\mathrm{h}}^2 - L_3^2)}$$

$$L'' = \frac{L'}{L_3}$$

$$\phi = \sin^{-1}\{L''\sin(90° + \theta_{\mathrm{B}} - \theta_{\mathrm{C}})\}$$

$$\theta_{\mathrm{Hi}} = 180° - \phi$$

$$\theta_{\mathrm{Ab}} = \phi + 90° + \theta_{\mathrm{B}} - \theta_{\mathrm{C}}$$

$$\theta_{\mathrm{An}} = \sin^{-1}\left(\frac{H}{L_1}\right)$$

(b) 腰部進展姿勢

$$F_{\mathrm{HS}} = -F_{\mathrm{h}}\cos\theta_{\mathrm{C}} - F_{\mathrm{v}}\sin\theta_{\mathrm{C}}$$
$$- \kappa(-F_{\mathrm{h}}\sin\theta_{\mathrm{C}} + F_{\mathrm{v}}\cos\theta_{\mathrm{C}})$$

各節に生じる力

$$F_2 = \frac{M_1 l_{1\mathrm{b}} g + M_2 l_{2\mathrm{a}} g}{\sin\theta_{\mathrm{C}} - \cos\theta_{\mathrm{C}}\tan\theta_{\mathrm{An}}}$$

$$F_{3+4} = \frac{F_5 + (M_5 l_{5\mathrm{a}} g + (M_3 + M_4) l_{\mathrm{mb}} g)(\cos\theta_{\mathrm{B}} - \kappa\sin\theta_{\mathrm{B}})}{-\cos\theta_{\mathrm{T}} + \kappa\sin\theta_{\mathrm{T}}}$$

$$F_5 = M_5 l_{5\mathrm{b}} g(\cos\theta_{\mathrm{B}} - \kappa\sin\theta_{\mathrm{B}})$$

$$F_{\mathrm{h}} = F_2\cos\theta_{\mathrm{C}} + F_3\cos(\theta_{\mathrm{Hi}} + \theta_{\mathrm{C}})$$

$$F_{\mathrm{v}} = F_2\sin\theta_{\mathrm{C}} + F_3\sin(\theta_{\mathrm{Hi}} + \theta_{\mathrm{C}}) + M_2 l_{2\mathrm{b}} g$$
$$+ (M_3 + M_4) l_{\mathrm{ma}} g$$

各節の分割点間距離と各節がなす角度

$$L' = L_{\mathrm{h}}\cos(90° + \theta_{\mathrm{B}} + \theta_{\mathrm{C}})$$
$$+ \sqrt{L_{\mathrm{h}}^2\cos^2(90° + \theta_{\mathrm{B}} - \theta_{\mathrm{C}}) - (L_{\mathrm{h}}^2 - (L_3 + L_4)^2)}$$

$$L'' = \frac{L'}{L_3 + L_4}$$

$$\phi = \sin^{-1}\{L''\sin(90° + \theta_{\mathrm{B}} - \theta_{\mathrm{C}})\}$$

$$\theta_{\mathrm{Hi}} = 180° - \phi$$

$$\theta_{\mathrm{T}} = \phi + 90° + \theta_{\mathrm{B}} + \theta_{\mathrm{C}}$$

$$\theta_{\mathrm{An}} = \sin^{-1}\left(\frac{H}{L_1}\right)$$

図 5.32　各着座姿勢の人体 – 椅子モデル (その 1)

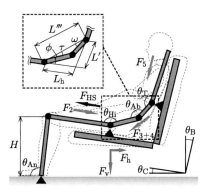

$$F_{HS} = -F_h \cos\theta_C - F_v \sin\theta_C$$
$$- \kappa(-F_h \sin\theta_C + F_v \cos\theta_C)$$

各節に生じる力

$$
\begin{aligned}
F_2 &= \frac{M_1 l_{1b} g + M_2 l_{2a} g}{\sin\theta_C - \cos\theta_C \tan\theta_{An}} \\[8pt]
F_{3+4} &= \frac{F_5 + (M_5 l_{5a} g + (M_3 + M_4) l_{m'b} g)(\cos\theta_B - \kappa\sin\theta_B)}{-\cos(\theta_T - \omega) + \kappa\sin(\theta_T - \omega)} \\[8pt]
F_5 &= M_5 l_{5b} g(\cos\theta_B - \kappa\sin\theta_B) \\[4pt]
F_h &= F_2 \cos\theta_C + F_3 \cos(\theta_{Hi} + \theta_C - \tau) \\[4pt]
F_v &= F_2 \sin\theta_C + F_3 \sin(\theta_{Hi} + \theta_C - \tau) \\
&\quad + M_2 l_{2b} g + (M_3 + M_4) l_{m'a} g
\end{aligned}
$$

各節の分割点間距離と各節がなす角度

$$
\begin{aligned}
L' &= L_h \cos(90° + \theta_B - \theta_C) \\
&\quad + \sqrt{L_h{}^2 \cos^2(90° + \theta_B) - \theta_C - (L_h{}^2 - (L''')^2)} \\[6pt]
L'' &= \frac{L'}{L'''} \\[6pt]
L''' &= \sqrt{L_3{}^2 + L_4{}^2 - 2L_3 L_4 \cos(180° - 24°)} \\[4pt]
\phi &= \sin^{-1}\{L'' \sin(90° + \theta_B - \theta_C)\} \\[4pt]
\theta_{Hi} &= 180° - \phi + \tau \\[4pt]
\theta_T &= \phi + 90° + \theta_B - \theta_C + \omega \\[6pt]
\theta_{An} &= \sin^{-1}\left(\frac{H}{L_1}\right)
\end{aligned}
$$

(c) 腰部屈曲姿勢

θ_C：クッションアングル
θ_B：バックアングル
θ_T：トルソーアングル
θ_{Hi}：ヒップアングル
θ_{Ab}：アブドメンアングル
θ_{An}：アンクルアングル
κ：摩擦係数
H：座面高さ
F_i：i 番目の節に生じる力
F_{HS}：尻滑り力
F_h：転子点に生じる水平方向の力
F_v：転子点に生じる垂直方向の力
L：身長（L_i：i 番目の節の高さ）

$$
\begin{pmatrix}
L_1 = 0.2880L - 0.0424 \\
L_2 = 0.0027L + 0.4057 \\
L_3 = 0.3274L - 0.2908 \\
L_4 = 0.0609L + 0.0356 \\
L_5 = 0.0930L - 0.0549 \\
L_h = 0.3118L - 0.4113
\end{pmatrix}
$$

L_h：座位殿転子距離
M：体重（M_i：i 番目の節の質量）

$$
\begin{pmatrix}
M_1 = 0.12M \\
M_2 = 0.2M \\
M_3 = 0.14M \\
M_4 = 0.18M \\
M_5 = 0.36M
\end{pmatrix}
$$

l_{ia}：i 番目の節の上端から重心までの距離と節長の比（重心比）

$$
\begin{pmatrix}
l_{1a} = 0.61 \\
l_{2a} = 0.43 \\
l_{3a} = 0.11 \\
l_{4a} = 0.11 \\
l_{5a} = 0.35 \\
l_{ma} = 0.329 \\
l_{m'a} = -0.608(L_3 + L_4) \\
\qquad + 0.579
\end{pmatrix}
$$

$l_{ib} : 1 - l_{ia}$
l_{ma}：腰部伸展姿勢における腰椎節および骨盤節の重心比
$l_{m'a}$：腰部屈曲姿勢における腰椎節および骨盤節の重心比

図 5.32　各着座姿勢の人体 - 椅子モデル (その 2)

した.

ⅱ) リモデリング

多峰性の目標特性に対応できる Kato・Matsuoka らの手法 (1) と，可変制御因子に
関して非単調な目的関数に対応できる Kato・Matsuoka らの手法 (4) は共に，目標特
性の許容上限・下限値を設定し，目標特性が許容範囲を満たす確率をモンテカルロ法
を用いて評価する手法である.

本設計事例では，目標特性（尻滑り力）の許容上限・下限値を設定するために尻滑
り力の（5 段階 SD 法[19]による）官能評価実験を行った（図 5.33）．その結果から，評
価値の平均値が 4 を超えた −10 N から 20 N を許容上限・下限値とした[20]．また，ば
らつきを有する因子のである組合せのサンプルは，使用者の身長と体重の相関関係 (相
関係数：0.308) に基づく 2 次元正規分布から抽出した[21].

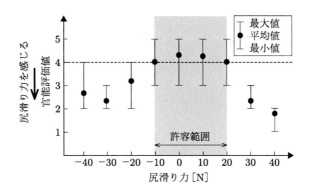

図 5.33　尻滑り力に関する官能評価結果

Kato・Matsuoka らの手法 (1) におけるロバスト性の評価指標 (ロバスト指標 R) を
以下のように算出した．まず，誤差因子である体格のばらつきとして，身長と体重の
組合せのサンプルを 10000 個発生させた．つぎに，各サンプルを各着座姿勢の目的関
数に代入することにより，各姿勢の尻滑り力を算出した．さらに，許容範囲内のサン

---

[19] SD (semantic differential) 法はヒトの感性に関するアンケートに用いられる手法．明るい・暗いのよ
うな相対する語句を設定し，それを何段階かに分けて被験者に選択させる．たとえば，5 段階 SD 法で
は，被験者が 1：非常に明るい，2：やや明るい，3：どちらでもない，4：やや暗い，5：非常に暗い，の
なかから選択することとなる.

[20] 本官能評価実験の評価値は，尻滑り力を感じるほど小さく（感じないほど大きく）なるように設定してい
る．このため，評価値が大きくなるほど尻滑り力を感じない，すなわち，座り心地が良い状態に近づくこ
ととなる.

[21] 一般的に，身長の高い人の体重は重く，身長の低い人の体重は軽い傾向があるため，身長と体重には相関
関係がある.

プル数を全サンプル数で除することにより，各着座姿勢のロバスト指標を算出した．最後に，各着座姿勢のロバスト指標に，各着座姿勢の出現確率を乗じ，それらを足し合わせることによりロバスト指標を算出した．

一方，Kato・Matsuoka らの手法 (4) におけるロバスト性の評価指標 (可変制御因子対応型ロバスト指標 R_A) を以下のように算出した．可変制御因子であるクッションアングルとバックアングルのいくつかの組合せにおいて，前述したロバスト指標と同様に尻滑り力を算出する．そして，いずれかの組合せにおいて尻滑り力が許容範囲を満たすサンプルの数を全サンプル数で除することにより，各着座姿勢の可変制御因子対応型ロバスト指標を算出した．最後に，各着座姿勢の可変制御因子対応型ロバスト指標に，各着座姿勢の出現確率を乗じ，それらを足し合わせることにより可変制御因子対応型ロバスト指標を算出した．

iii) ロバスト最適化
① 可変制御因子を想定しない場合のロバスト設計解

本設計事例においては，GA を用いてクッションアングルの値を更新しながらロバスト最適解を導出した．なお，本書では比較のため，ロバスト指標 R を用いて導出したロバスト最適解 (以下，$\theta_{C(R)}$)，平均値と標準偏差から算出する Wilde ら手法を用いて導出した設計解 (以下，$\theta_{C(Wilde)}$)，および目標特性のばらつきを考慮せず目標特性の平均値のみを用いて導出した設計解 (以下，$\theta_{C(\mu)}$) もあわせて導出し，表 5.1 のように比較した．また，各設計解における目標特性分布を図 5.34 に示す．同表より，$\theta_{C(R)}$ のロバスト指標は，$\theta_{C(Wilde)}$ および $\theta_{C(\mu)}$ のそれと比較して 55%および 7%向上しており，高いロバスト性を有する設計解であることが確認された．このことは，図 5.34 において，$\theta_{C(R)}$ の分布が $\theta_{C(Wilde)}$ と $\theta_{C(\mu)}$ の分布よりも許容範囲内に多く含まれていることからも確認できる．また，$\theta_{C(Wilde)}$ のロバスト指標および重み付きロバスト指標は，$\theta_{C(\mu)}$ よりさらに低い値となった．これにより，適切なロバストデザイン法を選出することの重要性が確認できる．

表 5.1　各設計解とその評価指標

設計解 [°] ＼ ロバスト性評価指標	ロバスト指標	**Wilde** の指標	平均値 [N]
$\theta_{C(R)} = 17.9$	0.87	16.22	1.21
$\theta_{C(Wilde)} = 19.2$	0.32	15.01	-6.00
$\theta_{C(\mu)} = 18.1$	0.80	15.97	0.11

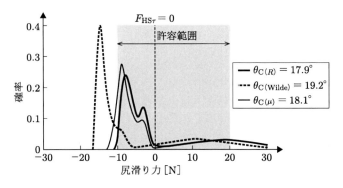

図 5.34 各設計解における尻滑り力の分布

② 可変制御因子を想定する場合のロバスト設計解

Kato・Matsuoka らの手法 (4) は，可変制御因子が単数か複数かで，ロバスト最適解（最適可変域）の導出方法が異なる．本設計事例では，可変制御因子が（クッションアングルとバックアングルの）2 個あるため，可変制御因子が複数である場合の最適可変域の導出方法 (p. 132 参照) を用いる．本導出方法は，さらに，因子間の関係が従属である場合と独立である場合に分類される．本設計事例の可変制御因子であるクッションアングルとバックアングルは，それぞれに可変機構を設けて独立に可変させることができるほか，図 5.35 のように，同機構をリンク機構などで構成し従属に可変させることもできる．そこで，本設計事例では，独立と従属の両方を想定して可変域を導出し，両者を比較したうえで設計解を決定することとした．

導出された可変域，そのときの可変制御因子対応型ロバスト指標 R_A，および可変制御因子の制約条件を，図 5.36 と図 5.37 に示す．図 5.36 は，クッションアングルとバックアングルに従属関係を想定して導出された解候補である．一方，図 5.37 は，クッションアングルとバックアングルが独立であることを想定して導出されたものである．図 5.36 と図 5.37 より，導出された解候補の可変域は，クッションアングルとバックアングルの組合せが，25° と 35° 付近を上限とすることがわかる．一方，可変域の下限値についてはクッションアングルとバックアングルが独立である場合 (図 5.37) においてのみ，15° と 35° 付近に集中している．この理由として，因子間の関係が独立である場合の可変域は，バックアングルが小さくなると制約条件を逸脱することが考えられる．すなわち，両角度の関係を独立としたものとしても，バックアングルは 35° 付近から可変することはできない．以上のことから，本設計問題においては，両角度の関係を従属に設定することが望ましいことがわかる．

図 5.35 クッションアングルとバックアングルの可変機構

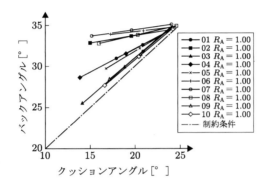

図 5.36 クッションアングルとバックアングルが従属である場合の最適可変域
(解候補 10 個，評価点 3 個)

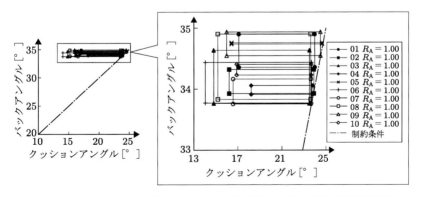

図 5.37 クッションアングルとバックアングルが独立である場合の最適可変域
(解候補 10 個，評価点 9 個)

参考文献

[1] Y. Matsuoka: Design Science, Maruzen, 2010

[2] 田口玄一：品質工学講座 3　品質評価のための SN 比，日本規格協会，1988

[3] K.N. Otto, E.K. Antosson: Tuning Parameters in Engineering Design, *Transaction of the ASME Journal of Mechanical Design*, 115-1, 14–19, 1993

[4] 加藤健郎，氏家良樹，松岡由幸：非正規分布型目標特性に対応するロバスト性評価測度の提案，設計工学，42，6，43–50，2007

[5] T. Kato, T. Ikeyama, Y. Matsuoka: Basic Study on Classification Scheme for Robust Design Methods, *Proceedings of The 1st International Conference on Design Engineering and Science*, 37–42, 2005

[6] 津田孝夫：モンテカルロ法とシミュレーション，培風館，1969

[7] 戸川隼人：数値計算演習，共立出版，1980

[8] 加藤健郎，中塚慧，松岡由幸：可変域を有する制御因子に対応するロバスト設計法の提案，設計工学，46，3，149–156，2011

[9] 加藤健郎，渡井惇喜，松岡由幸：複数の可変制御因子に対応するロバスト設計法，設計工学，46，6，346–354，2011

[10] A. Watai, S. Nakatsuka, T. Kato, Y. Ujiie and Y. Matsuoka: Robust Design Method for Diverse Conditions, *Proceedings of 2009 ASME International Design Engineering Technical Conference & Computers and Information in Engineering Conference*, 2009

[11] 広中平祐：第 2 版 現代数理科学事典，丸善，2009

[12] 久保幹雄，J.P. ペドロソ：メタヒューリスティクスの数理，共立出版，2009

[13] 柳浦睦憲，茨木俊秀：組合せ最適化—メタ戦略を中心として—，朝倉書店，2001

[14] 松岡由幸，庭野敦也，大原侑也：多様場対応型ロバスト設計方法の構築，デザイン学研究，47，5，73–82，2001

[15] Y. Matsuoka: Robust Design Method for Diversity of Ba, *KANSEI Engineering International*, 1, 4, 25, 2000

[16] 生命工学工業技術研究所編：設計のための人体寸法データ集，日本出版サービス，1996

付　録

A　デザイン科学

　デザイン科学は，デザイン・設計という創造的行為における法則性の解明と，デザイン・設計行為に用いられるさまざまな知識の体系化を狙いとする学問である．このため，デザイン科学は，**プロダクトデザイン** (product design)，**建築デザイン** (architectural design)，**サービスデザイン** (service design) などのさまざまなデザイン・設計領域において共通の基盤となる．以下に，デザイン科学の概念や位置づけの変遷を述べる．

　デザイン科学という用語を初めて用いたのは，1960 年代に「宇宙船地球号」という概念を示した建築家・思想家の B. Fuller であり[1]，その後現在までに，多くの研究者によりデザイン科学に関する議論が行われてきた．1970 年代に，F. Hansen は，デザイン科学の目標を「デザイン行為における法則の認識と規則の構築」と位置づけた[2]．1980 年代には，V. Hubka と W.E. Eder が，デザイン科学を Hansen よりも広い概念で捉え，「デザイン領域における知識の集合やデザイン方法論の概念なども含むもの」と位置づけた[3]．1990 年代に，N. Cross は，デザイン科学を「デザイン対象に対して組織化・合理化されたシステマティックなアプローチ」と表現し，科学的知識を活用するにとどまらない科学的行為としてデザインを捉えた．なお，Cross はデザイン科学とデザイン学の相違についても言及し，デザイン学を「科学的な探求手法を通じてデザインに関する我々の理解を改善しようとする一連の研究」と位置づけた[4]．図 A.1 にデザイン科学とデザイン学の違いを示す．2000 年代に，Y. Matsuoka は自らの主宰するデザイン塾において，デザイン科学を「デザイン行為における法則性の解明およびデザイン行為に用いられる知識の体系化を目指す学問」と表現し，デザインにかかわるあらゆる事象の科学的な解明を目指すデザイン学の一つの中核をなすものと位置づけた[5]．

　デザイン科学の枠組みは，デザイン知識とデザイン行為の二つで構成されると考えられている．ここで，デザイン知識は，科学的知識のような客観的知識と個人的な経験知のような主観的知識からなる．一方で，デザイン知識に基づいて行われるデザイン行為は，デザイン実務，デザイン方法，デザイン方法論，デザイン理論の四つの階層からなる（図 A.2）．デザイン行為の 4 階層においては，上位の階層になるほど特殊性・具体性が増していき，対象に依存する特徴がある．反対に，下位の階層になるほ

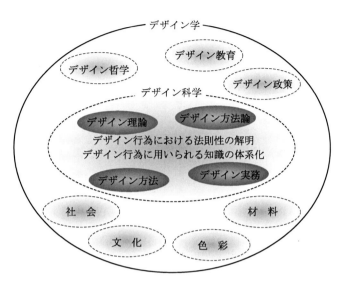

図 A.1 デザイン科学とデザイン学

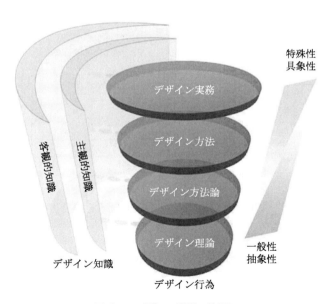

図 A.2 デザイン科学の枠組み

ど一般性・抽象性が増していき，対象に依存しない特徴がある．

つぎに説明する多空間デザインモデルは，この枠組みの最下層に位置するデザイン理論に関するモデルである．

B　多空間デザインモデル

多空間デザインモデル[6-9] は，デザイン・設計行為をモデル化したものであり，図B.1に示すように，デザイン・設計において活用される知識を記述する知識空間と，それらの知識を用いたデザイン・設計行為を記述する思考空間から構成され，両空間は，社会システム，人工システム，自然システム，および人間システム[†22] と関係している．

知識空間には，芸術，工学，法規などをはじめとする客観的知識と，哲学，倫理などをはじめとする主観的知識が含まれる．客観的知識は，自然科学，人文科学，および社会科学などに基づく一般性のある知識であり，主観的知識は，デザイナーや設計者の個人的な経験や，地域性などに基づく一般性のない知識である．

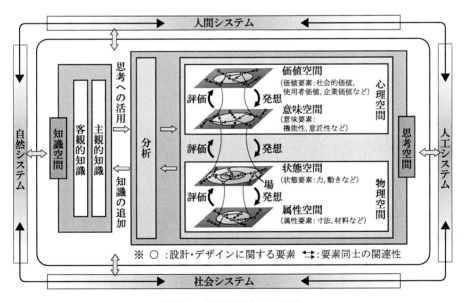

図 B.1　多空間デザインモデル

---

†22　社会システムとは，教育システムや経済システムなど社会に関するシステム．人工システムとは，交通システムや医療システムなどヒトにより作り出されたモノやコトなどのシステム．自然システムとは，生態システムや気候システムなど自然に関する特徴や性質などのシステム．人間システムとは，代謝システムや感覚システムなどヒトに関する特徴や性質などのシステム．

　思考空間には，言語や画像などを用いて表現されるデザイン・設計に関する要素および要素間の関係性とともに，これらが分類される四つの空間やこれらを抽出するための三つの思考が含まれる．以下に，四つの空間と三つの思考の詳細を示す．

B.1　デザイン・設計にかかわる要素を分類するための四つの空間

　四つの空間は，社会的価値，文化的価値，個人的価値など多様な価値を表す要素が含まれる価値空間，価値を実現するための機能やイメージを表す要素が含まれる意味空間，意味を実現するための状態を表す要素と状態を実現するためのヒトや環境などの場を表す要素が含まれる状態空間，および状態を実現するための人工物の特性を表す要素が含まれる属性空間から構成される．さらに，価値空間と意味空間から心理空

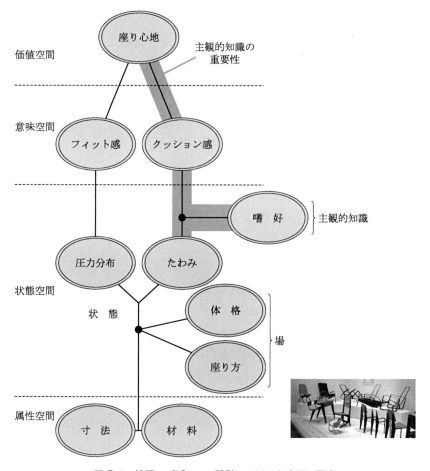

図 B.2　椅子のデザイン・設計における各空間の要素

間が構成され，状態空間と属性空間から物理空間が構成される．以下に，椅子のデザイン・設計を事例として，価値空間，意味空間，状態空間，属性空間の観点に基づき，デザイン・設計にかかわる要素と要素間の関係性について説明する．

　図 B.2 に示した椅子の設計においては，椅子の形状を規定する寸法や材料などが属性空間に，椅子の形状に基づく機能が意味空間に，椅子の機能に基づく座り心地が価値空間に含まれる．このように書くと，椅子の設計は価値空間，意味空間および属性空間の関係を考えることに帰着できると思われそうだが，実は，この三つの空間間の関係性に着目するだけでは不十分である．それは，デザイン・設計の対象がおかれる場と機能が密接な関係にあるからである．

　たとえば，フィット感やクッション感のような機能を実現するためには，椅子の形状や材料だけを考慮すればよいのではなく，椅子に座るヒトの体格や座り方という場もこれらと組み合わせて考慮する必要がある．さらに，フィット感に関しては，体圧分布のような状態空間の要素を用いて，座り心地という価値空間の要素との関係性を客観的に評価することが可能である．しかし，クッション感に関しては，たわみ特性のような状態空間の要素を用いた定量化は可能であるものの，椅子の硬さ，柔らかさに対するヒトの嗜好はさまざまである．したがって，その多様性も考慮に入れたうえで座り心地との関係性を評価する必要がある．

B.2　デザイン・設計にかかわる要素を抽出するための三つの思考

　図 B.3 は，多空間デザインモデルにおける状態空間と属性空間を例として，分析，発想，評価という三つの思考について記述したものである．

　分析とは，デザイン・設計の問題に関連するさまざまな要素間の関係性を明確にすることで，その背景に存在する一般則を導く行為であるため，特殊性を有する個別の事象から一般性を有する法則を導く帰納と解釈することができる．発想とは，与えられたデザイン・設計の問題を解決する案を導出する行為であるため，個別の事象を最も適切に説明し得る仮説形成と解釈することができる．評価とは，一般則に基づきデザイン・設計の問題に関連するさまざまな要素の位置づけを明確にする行為であるため，一般性を有する前提から特殊性を有する結論を導く演繹と解釈することができる．

　デザイン・設計においては，まず，設定された問題に対して帰納に基づく分析が行われ，分析をしながら仮説形成に基づくデザイン・設計の解候補の発想を行う．そして，分析結果を用いて発想した解候補に対して，演繹に基づく評価を行う．設定された問題に対して満足な評価が得られた解候補は解となり，満足な評価が得られなかった場合は再び発想が行われる．デザイン・設計という創造的行為は，これら三つの思考を繰り返すことにより進められていく．

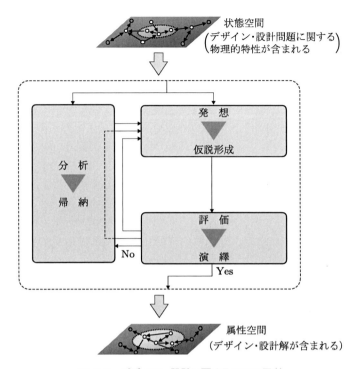

図 B.3　デザイン・設計に要する三つの思考

参考文献

[1] B. Fuller: Utopia or Oblivion, Bantam Books, 1999

[2] F. Hansen: Konstruktionswissenschaft, Carl Hanser, 1974

[3] V. Hubka, W.E. Eder: Design Science, Springer-Verlag, 1996

[4] N. Cross: Designerly Ways of Knowing Design Discipline versus Design Science, *Design Issues*, 17, 3, 49–55, 2001

[5] Y. Matsuoka: Design Science, MARUZEN, 2010

[6] 松岡由幸：二つのデザイン，日本機械学会誌，108, 1034, 14–17, 2005

[7] 松岡由幸ほか：HCD ハンドブック—人間中心デザイン，丸善，2006

[8] M. Tochizawa, Y. Nomura, Y. Ujiie, Y. Matsuoka: A Grasp of Study Characteristics of Design and Engineering Design Based on Multispace Design Model Design Science, IASDR, 2007

[9] Y. Matsuoka, Y. Ujiie: Incorporating Life-based Concept into Design, its Context and Viewpoint, 21st Century COE Program, Keio University—System Design: Paradigm Shift from Intelligence to Life, 60–68, 2008

和英索引

制約特性　constraint characteristic　67
設計解　design solution　5
属性空間　attribute space　8
属性要素　attribute element　8
素数べき型直交表　power of prime orthogonal array　40
外側直交表　outer orthogonal array　38

■た　行
対数正規分布　log-normal distribution　92
多空間デザインモデル　multispace design model　7
タグチメソッド　Taguchi method　5
多峰性分布　multimodal distribution　20
多様場　diverse circumstance, diverse condition　9, 20, 109
知識空間　knowledge space　8
調整因子　tuning factor　42
直交表　orthogonal array　15
テイラー展開　Taylor series expansion　87
デザイン科学　design science　7
デザイン理論　design theory　7
動特性　dynamic characteristic　39
凸関数　convex function　72
トレードオフ問題　trade-off problem　5

■な　行
内乱　internal noise　2
ノルム　norm　79

■は　行
場　circumstance, condition　3
パラメータ設計　parameter design　10, 40
パレート解　Pareto solution　123
非線形計画法　nonlinear programming　72
非線形性　nonlinearity　24
ヒューリスティック手法　heuristic method　11

ファジィ数　fuzzy number　5, 75
不確かさ　uncertainty　2
物理空間　physical space　8
プロダクトデザイン　product design　153
フロベニウスノルム　Frobenius norm　80
分散共分散行列　variance covariance matrix　58
望小特性　smaller-the-better characteristic　41
望大特性　larger-the-better characteristic　41
望目特性　nominal-the-better characteristic　41

■ま　行
メンバーシップ関数　membership function　76
目的関数　objective function　5, 6
目標特性　objective characteristic　5, 6
モデリング　modeling　67
モンテカルロ法　Monte Carlo method　90

■や　行
ヤコビ行列　Jacobian matrix　79
有害成分　harmful part　43
有効成分　useful part　43

■ら　行
ロバスト　robust　5
ロバスト最適化　robust optimization　67
ロバスト最適解　robust optimum solution　17, 36, 69
ロバスト指標　robustness index　116
ロバスト性　robustness　5
ロバストデザイン　robust design　5
ロバストモデリング　robust modeling　67

■わ　行
ワイブル分布　Weibull distribution　92

英和索引

著 者 紹 介

松岡　由幸（まつおか・よしゆき）
　1955 年　山口県下関市生まれ.
　所属：慶應義塾大学教授. デザイン塾主宰.
　専門：デザイン科学.
　活動：デザイナーが行うデザインと設計者が行う工学設計を統合したデザイン科学と「多空間デザインモデル」を提唱. 主な著書は,『デザインサイエンス』『タイムアクシス・デザインの時代』『もうひとつのデザイン』『最適デザインの概念』『図解 形状設計ノウハウハンドブック』『製品開発のための統計解析学』など.

加藤　健郎（かとう・たけお）
　1983 年　東京都青梅市生まれ.
　所属：東海大学工学部機械工学科専任講師.
　専門：設計工学, 製品開発システム論.
　活動：企業での設計実務経験を活かし, 製品開発・設計の効率化や製品の機能・品質の向上に向けた方法の研究を実施. たとえば, 最適設計, ロバストデザイン, 企画から製造に至るまでの一連の製品開発を統合的に扱う M-QFD の開発・運用など.

編集担当　千先治樹（森北出版）
編集責任　石田昇司（森北出版）
組　　版　ブレイン
印　　刷　エーヴィスシステムズ
製　　本　ブックアート

ロバストデザイン　ROBUST DESIGN
　―「不確かさ」に対して頑強な人工物の設計法―
　　　　　　　　　　　　　　　　　　　© 松岡由幸・加藤健郎　2013

2013 年 3 月 4 日　第 1 版第 1 刷発行　【本書の無断転載を禁ず】

著　　者　松岡由幸・加藤健郎
発 行 者　森北博巳
発 行 所　森北出版株式会社
　　　　　東京都千代田区富士見 1-4-11（〒102-0071）
　　　　　電話 03-3265-8341／FAX 03-3264-8709
　　　　　http://www.morikita.co.jp/
　　　　　日本書籍出版協会・自然科学書協会・工学書協会　会員
　　　　　JCOPY ＜(社)出版者著作権管理機構 委託出版物＞

落丁・乱丁本はお取替えいたします.

Printed in Japan／ISBN978-4-627-66951-2

ロバストデザイン　ROBUST DESIGN ［POD 版］

2024 年 2 月 16 日発行

著者　　　松岡由幸・加藤健郎

印刷　　　大村紙業株式会社
製本　　　大村紙業株式会社

発行者　　森北博巳
発行所　　森北出版株式会社
　　　　　〒102-0071　東京都千代田区富士見 1-4-11
　　　　　03-3265-8342（営業・宣伝マネジメント部）
　　　　　https://www.morikita.co.jp/

ISBN978-4-627-66959-8